桃

精深加工与贮运技术

◎毕金峰 吕 健 陈晓明 编著

中国农业科学技术出版社

图书在版编目（CIP）数据

桃精深加工与贮运技术／毕金峰，吕健，陈晓明编著．-- 北京：中国农业
科学技术出版社，2021. 11

ISBN 978-7-5116-5497-7

Ⅰ.①桃… Ⅱ.①毕…②吕…③陈… Ⅲ.①桃-水果加工 Ⅳ.①TS255.7

中国版本图书馆 CIP 数据核字（2021）第 186491 号

责任编辑　金　迪
责任校对　李向荣
责任印制　姜义伟　王思文

出 版 者　中国农业科学技术出版社
　　　　　北京市中关村南大街 12 号　邮编：100081
电　　话　（010）82109705（编辑室）　　（010）82109702（发行部）
　　　　　（010）82109709（读者服务部）
传　　真　（010）82106626
网　　址　http://www. castp. cn
经 销 者　各地新华书店
印 刷 者　中煤（北京）印务有限公司
开　　本　170 mm×240 mm　1/16
印　　张　10. 75
字　　数　187 千字
版　　次　2021 年 11 月第 1 版　2021 年 11 月第 1 次印刷
定　　价　68. 00 元

《桃精深加工与贮运技术》
编著委员会

主 编 著　毕金峰（中国农业科学院农产品加工研究所）

　　　　　　吕　健（中国农业科学院农产品加工研究所）

　　　　　　陈晓明（天津市农业科学院）

副主编著　刘　璇（中国农业科学院农产品加工研究所）

　　　　　　荆红彭（天津市农业科学院）

　　　　　　金　鑫（中国农业科学院农产品加工研究所）

　　　　　　张志军（天津市农业科学院）

　　　　　　周　沫（中国农业科学院农产品加工研究所）

　　　　　　李淑芳（天津市农业科学院）

编著人员　中国农业科学院农产品加工研究所：

　　　　　　赵垚垚　谢　晋　刘嘉宁　姜溪雨　王凤昭

　　　　　　郭崇婷　白岚莎　张嗣伟　陈腊梅　陈佳歆

　　　　　　刘　梦　李瑞平　李　旋

　　　　　　内蒙古蒙牛乳业（集团）股份有限公司：

　　　　　　赖必辉

　　　　　　天津市农业科学院：

　　　　　　郭意如　丁　舒　陈　颖　张　越　宋兆伟

　　　　　　崔瀚元　张　峻　陈　龙　张　晓

前　言

桃（*Amygdalus persica* Linn），隶属于蔷薇科（Rosacceae）李属（*Prunus* L.）桃亚属，是仅次于苹果、梨的我国第三大落叶果树，也是最早被利用的果树之一，迄今有 4 000 多年的栽培历史。传统上我国桃果实成熟上市的高峰期是 6—8 月，近年来随着品种改良和生产的发展，鲜桃供应期大大延长，每年 4—11 月均有国产鲜桃销售。

桃果实汁多味美、芳香诱人、口感细腻、营养丰富，是人们喜欢的时令水果。作为典型的呼吸跃变型水果，采后的呼吸高峰和乙烯释放高峰促使桃果实后熟迅速，同时伴有果肉软化腐烂、风味劣变等现象。桃精深加工技术则可以在一定程度上实现对鲜食部分外桃果实资源的最大化利用。近年来，我国桃种植生产出现了阶段性、地区性、季节性的相对过剩，因此对桃加工产业的发展速度、发展质量和发展规模均提出了新的更高的要求。纵观我国桃加工产业，仅有 18% 左右的桃用于加工，产品以罐头为主，其次为桃汁/浆、速冻桃片、干制桃产品、发酵桃制品等。虽然我国桃传统加工业和新型加工技术与产业规模发展速度突飞猛进，在国际市场上有着举足轻重的地位，但是，我国桃加工产品在国际经济大发展的浪潮中遭遇"绿色壁垒"的现象屡见不鲜。因此，提升我国桃加工技术的标准化、规范化、精细化、智能化，进而提高桃加工产业的转化能力和附加值、增强产品的国际竞争力，对于调整桃产业结构、促进农村经济与社会可持续发展、实现乡村振兴具有十分重要的战略意义。

本书参阅了有关桃食品技术的专著、论文、中国专利网上的专利、其他网络资料，以及相关厂家的最新信息，详细介绍了桃产业概况、桃罐头加工技术、桃汁/浆加工技术、桃干加工技术、桃发酵制品加工技术、桃副产物综合利用技术、桃果实贮藏保鲜技术等的基础知识，包括加工工艺、操作要点、加工设备以及相关的产品标准。在本书的最后一章，展望了桃加工技术及产业发展趋势，供广大从事桃基础研究和桃加工生产技术研究的人员阅读参考。

在本书编写过程中，得到了许多业内专家的大力支持，并参阅了大量同行专家的科研成果和资料，在此表示衷心感谢。本书同时得到了业内同行和生产企业的大力帮助，感谢熙可（安徽）食品有限公司、临沂奇伟罐头食品有限公司、北京御食园食品有限公司等对本书在罐头加工和果脯加工内容撰写方面的支持。

由于作者水平有限，疏漏之处在所难免，敬请读者批评指正。

编著者

2021 年 9 月

目 录

第一章 概 述 ·· 1

  第一节 桃产业概况 ·································· 1

  第二节 桃营养价值和保健功能 ················ 9

  第三节 桃相关标准 ································ 15

第二章 桃罐头加工技术与产品质量控制 ············ 22

  第一节 桃罐头加工工艺 ························ 23

  第二节 桃罐头质量要求及标准 ················ 27

  第三节 桃罐头加工设备 ························ 30

第三章 桃汁/浆加工技术与产品质量控制 ·········· 38

  第一节 桃汁/浆加工工艺 ······················ 38

  第二节 桃汁/浆质量要求及标准 ················ 42

  第三节 桃汁/浆加工设备 ······················ 45

第四章 桃干加工技术与产品质量控制 ·············· 55

  第一节 桃果脯加工技术与产品质量控制 ········ 56

  第二节 真空冷冻干燥桃脆片加工技术与产品质量控制 ·· 64

  第三节 压差闪蒸组合干燥桃脆片加工技术与产品质量控制 ·· 71

第五章 桃发酵制品加工技术与产品质量控制 ······ 77

  第一节 桃发酵产品产业现状 ·················· 77

  第二节 桃果酒产品加工技术与产品质量控制 ···· 79

  第三节 桃果醋加工技术与产品质量控制 ········ 107

第四节　益生菌发酵桃果汁产品加工技术与产品质量控制 ··········115
第五节　桃果白兰地产品加工技术与产品质量控制 ·············121

第六章　桃副产物综合利用技术 ············128
　第一节　疏桃综合利用技术 ··········128
　第二节　桃胶综合利用技术 ··········132
　第三节　桃渣综合利用技术 ··········137
　第四节　桃核壳和核仁综合利用技术 ···········138

第七章　桃果实贮藏保鲜技术 ············143
　第一节　桃果实贮藏特性 ··········143
　第二节　桃果实采收及采后商品化处理 ·········148
　第三节　桃果实贮藏方式 ··········151
　第四节　桃果实运输及贮藏期病害预防 ·········154

第八章　桃加工技术及产业发展趋势 ···········157
　第一节　桃加工技术发展趋势 ··········157
　第二节　桃加工产业发展趋势 ··········158

参考文献 ·············160

第一章　概　述

第一节　桃产业概况

桃（*Amygdalus persica* Linn），隶属于蔷薇科（Rosacceae）李属（*Prunus* L.）桃亚属，是仅次于苹果、梨的我国第三大落叶果树，也是最早被利用的果树之一，迄今有4 000多年的栽培历史。中国是桃的唯一原产国，我国34个省级行政区中，除海南、内蒙古和黑龙江外，其余31个省（区、市）均有桃的产业化栽培，可见，桃是我国分布范围最广的果树之一。目前世界上桃商业栽培的主要产区分布在亚洲（主要分布在东亚）和欧洲，美洲、非洲、大洋洲栽培面积较小。自中华人民共和国成立以来，在党和政府的重视与支持下，我国的桃科研育种、栽培、生产、加工等方面均得到了快速发展，取得了可喜的成绩。1993年，我国桃的栽培面积和产量全面超过意大利和美国，成为世界第一产桃大国，并一直保持至今。过去20年，世界桃产量增长了2.20倍，中国增长了4.50倍，西班牙增长了1.87倍，希腊增长了2.70倍，意大利几乎没有增长，美国则减少了45.75%。根据联合国粮食及农业组织（Food and Agriculture Organization of the United Nations，FAO）统计，2019年全球桃产量达2 225.5万t，创造了新的纪录。

桃品种繁多，其中鲜食白肉桃为总量的80%~90%，以中晚熟品种为主，成熟期集中在7—8月。近年来，育种科研工作的快速发展促进了桃品种及类型的不断丰富，普通桃、油桃、蟠桃、油蟠桃等陆续成为普通百姓的消费新宠。果肉颜色也丰富多彩，黄肉类型和红肉类型的桃成为新的发展热点。我国鲜食桃的出口比例很小，主要出口到哈萨克斯坦、俄罗斯等国家。为了弥补季节供应和品种差异，我国多从智利、澳大利亚、西班牙等国家进口少量鲜桃。世界桃产品加工贸易主要集中在欧洲、北美洲和亚洲，其中欧洲是最大的桃产品贸易区。桃加工品的主要出口国为希腊、中国和西班牙；而桃加工品的主要进口国则较为分散，全球120个国家均有桃加工品的进口贸易，产品主要为用于烘焙产业的桃罐头、桃果酱、桃浆/汁等。近年来，我国桃加工产业发展迅速，桃加工产品出口量逐年增加，美国和日本是我国桃加工制品最主要的出口市场。从桃加工技术与产业发展方面来看，还需切实加强桃深加工综合利用，实现桃全果的充分利用，减少损耗，拓展其增值途径，进一步提高桃的附加值，促进桃产业的可持续发展。

一、桃的生产概况

桃树姿百态，花形各异，花色众多，极其艳丽，可作庭院、盆栽、盆景等栽培。同时可用以绿化、美化环境，增进人们身心健康。桃树生长强健，对土壤、气候适应性强，无论南方、北方的山地、平原均可选择适宜砧木的品种进行栽培。同时，桃结果早，收益快，管理方便，易获丰产。此外，桃品种丰富，果实成熟期差异显著，露地栽培的可从5月下旬至11月均有不同品种桃果实采收上市，对调节市场供应和满足消费需求起了良好作用。桃果实易于消化吸收，是老少皆宜的水果，除鲜食外，还可加工成糖水罐头、蜜饯、果脯、果干、果汁饮料等，能极大丰富人们的食品种类。总之，发展桃树生产，推动桃加工产业发展，对繁荣农村经济、丰富市场和提高人民物质、文化生活、增进身心健康等均具有重要的意义。

桃为五果（桃、李、杏、枣、栗）之首，原产于我国，分布广泛，其种植规模以及产量在我国和国际水果市场都占有重要的地位。在我国，桃树有着悠久的栽培种植历史，早在3 000多年以前我国就已经出现了桃树栽培。在生产过程中，由于连年的战争，桃树生产受到严重破坏，20世纪50年代以来，桃的生产经历了恢复、发展、停滞、再发展等阶段，桃的栽培面积和年产量得到了较大的发展与提高。随着改革开放、生产力水平提高、农村种植业结构调整，桃的生产发展速度很快。我国桃产量和栽培面积从1993年以来一直居世界第一位。2019年，我国桃种植面积达84.09万 hm^2，总产量达到1 584.19万 t，居世界首位（表1-1）。我国的桃种植及加工产业主要分布在山东、河北、河南、湖北、四川、陕西、江苏、辽宁等地。其中山东省桃种植面积和产量均占全国总种植面积和产量的 50%以上。栽培面积排在前十位的省份占全国桃树总面积的 77%左右；年产量排在前十位的省份占全国桃总产量的 83%左右。

当前，国外对于桃产业研究较为深入的国家主要是日本、美国、意大利、法国以及西班牙等国，其中技术水平和产业研究比较发达的是日本、西班牙和美国。日本最早进行桃树的栽培种植是从我国引进的桃树品种，其桃树的种植历史要明显晚于我国，尽管其种植历史较短，但是日本国内在引入桃树种植后因地制宜依据自身的生产条件和自然资源情况逐步培育出了众多较为出名的桃树品种，例如太久保、清水白桃和岗山早生等品种。美国的桃树种植起源于 20 世纪 50 年代，其桃树品种也是从我国引入，引入我国的水蜜桃品种经过多年的技术研究和生产培育，现在已经逐步发展成为桃树种类最为丰富的国家之一。早在 2009 年，西班牙的桃树种植规模已经赶超美国，目前西班牙的桃产业发展已经较为完善，其桃产品远销国内外，成为其国内农业经济发展的重要力量。

表 1-1　近十年桃种植面积及桃产量

年份		2010	2011	2012	2013	2014	2015	2016	2017	2018	2019
年产量/ 万 t	世界	2 053.17	2 122.26	2 128.62	2 179.01	2 252.49	2 389.94	2 399.06	2 455.28	2 490.22	2 573.78
	中国	1 059.23	1 101.28	1 145.95	1 195.12	1 245.24	1 366.84	1 431.73	1 465.47	1 524.87	1 584.19
种植 面积/ 万 hm²	世界	153.69	154.73	154.27	156.28	153.31	163.15	159.23	152.37	152.82	152.71
	中国	72.46	73.64	75.77	76.82	72.84	83.06	83.97	81.82	83.06	84.09

二、桃种质资源与栽培类群划分

（一）桃种质资源

我国是桃的起源中心，有着丰富的遗传多样性和完整性。桃亚属真桃组的野生近缘种包括光核桃（*Prunus mira* Koehne）、甘肃桃（*Prunus kansuensis* Rehd.）、山桃［*Prunus davidiana*（Carr.）Franch.］和新疆桃（*Prunus persica* ssp. *ferganensis* Kost. Et Riab.），这 4 个野生近缘种在我国有大量的野生自然群体分布，且野生群体的遗传多样性丰富、类型齐全，均表明我国是桃的起源中心。

 1949 年以来我国相继开展了桃的资源调查，出版了《浙江果树资源——桃调查资料》《山西桃品种资源》《甘肃桃树志》等有关桃资源的专著，《陕西果树志》《河北果树志》《江苏果树志》《甘肃果树志》《北京果树志》等，其中有关桃资源分册中都发现了不少具有特殊性状和加工性能优良的品种（品系）。1977—1979 年，中国农业科学院郑州果树研究所、陕西省果树研究所、北京市农林科学院等进行了西北地区罐桃资源考察，在对陕西、甘肃两地 6 个重点桃区的调查中发现了许多适应当地生态条件、丰产性强、加工性状优良的实生树。1981—1984 年，中国农业科学院组织全国 25 个单位对西藏①农作物进行考察，通过整理、鉴定，分属 33 个属 18 个种（或变种）106 个品种，并发现世界罕见，年过千载的"活化石"果树、宝贵的种质资源"光核桃"，是西藏分布最广泛的野生果树之一。1991—1995 年，对大巴山（含川西南）、黔南桂西山区作物种质资源进行考察，在四川省青川县清溪镇海拔 1 000 m 处发现了具有良好抗性和特晚熟特点的冬桃，并且可以直接用于生产利用，对改善春季市场无桃供应现状有重要意义。

 为了收集保存桃亚属植物资源，1987 年农牧渔业部、国家科委发布文件明确了在郑州、南京、北京建立国家桃种质资源圃。资源圃于 1989 年建成，现保存资源 2 350 份次。30 多年来，各国家桃资源圃遵循广泛收集、妥善保存、深入评价和共享利用的原则，对我国桃种质资源的研究与利用作出了重要贡献。此外在新疆轮台特有果树及砧木圃、云南特有果树及砧木圃、公主岭寒地果树资源圃，以及大连、浙江、上海、陕西、山西、四川等地的地方农业科研单位均保存了桃种质资源。

 目前国内主要推广的桃品种类型有普通桃（鲜食桃）、油桃、蟠桃、制罐头品种和制汁类品种五个大类，各大类又分别按早、中、晚熟分成可以满足不同栽培环境和需求的数百个品种，丰富的种质资源为我国桃栽培品种结构的优化，桃树适宜栽培区的扩大推广以及桃产业的可持续发展起到了关键的作用。例如，在浙江奉化，通过建立种质资源圃筛选出适合当地推广的 10 余个桃品种后再在当地进行推广，延长桃果采收时间至 120天，品种涵盖水蜜桃、油桃、蟠桃、观赏桃四个类别，不仅丰富了市场对品种的选择，而且增加了桃农收益，桃产业成为当地农业主导产业之首，

---

 ① 西藏自治区简称西藏，全书同。

这种通过对种植结构的优化，在品种结构搭配上设计出早、中、晚熟桃品种的错位竞争的措施，有利于缓解区域熟期集中销售的压力，已经在全国多个省（市）得到推广，形成了一批桃树栽培成功拉动地方经济的现象。

（二）桃栽培类群划分

据不完全统计，世界上桃品种数目在 3 000 个以上。关于品种的分类，一般多以果实形态或肉质区分，此种分类有助于果品利用，但生态类群的划分，则根据品种来源地的生态条件，此种分类有助于生产栽培。

1. 桃品种形态学分类

根据毛绒有无分为：①有毛品种（peach），果面有毛；②无毛品种（nectarine），果面光滑无毛。

根据果肉色泽分为：①黄肉品种（yellow fleshed），普通黄肉品种的肉质较韧，多为加工用桃，油桃的黄肉品种多为鲜食，同时近年来鲜食黄肉毛桃发展迅速；②白肉品种，普通桃白肉品种多为鲜食用桃，有些品种也可用于加工制罐；③红肉品种，多含有丰富的花色苷和酚类等抗氧化因子，资源相对匮乏，但近年来红肉品种已成为新的发展热点。

根据果肉与核的黏离关系可以分为：①离核（free stone），果肉与核易于分离；②黏核（cling stone），果肉与核不易分离；③半离核（semi-free stone），又称半黏核，硬熟期果肉与核不易分离，充分成熟后，果肉与核较易分离，但分离程度不及离核桃清晰。

根据桃果实在食用成熟期果肉质地可以分为：①溶质桃（melting），果实成熟时可以剥皮，果肉柔软多汁；在溶质桃中，有些肉质坚实，需充分成熟时方可剥皮，又称为硬溶质；②不溶质桃（non-melting），果实成熟时不易剥皮，果肉具韧性、黏核；③硬桃（crisp peaches），果肉脆、硬、离核，汁液少，过熟后肉质变面。

2. 桃品种类群划分

汪祖华等（1990）把桃品种划分为 6 个品种群。

（1）硬肉桃品种群。我国南北方均有栽培，为栽培桃中古老的品种群。果形略圆或卵圆，离核或半离核，初熟时肉质硬脆，完熟时肉质变软或发面，汁液较少。

（2）蜜桃品种群。主要分布在华北、西北地区。果实一般较大，果顶尖而凸起，缝合线较深，肉质致密，耐贮运，成熟时柔软多汁，多中、晚熟。

（3）水蜜桃品种群。主要分布在华东、华中等地。果实圆形或椭圆形，果顶圆平，果肉柔软多汁，不耐贮藏运输。

（4）蟠桃品种群。江、浙一带栽培较多，华北、西北地区也有栽培。果实扁平，果肉柔软多汁，品质佳。

（5）油桃品种群。华北、西北地区栽培较多。主要特点为果实无毛，色泽鲜艳，肉质脆或柔软。

（6）黄桃品种群。我国西北、西南、华北、华东、东北等地均有栽培。果皮、果肉均呈金黄色至橙黄色，肉质较紧致密而韧。

3. 桃品种生态类群的划分

综合桃品种的起源、生态地理条件、生物学特性及主要形态特征，可以将桃品种生态类群分为北方桃品种群、南方桃品种群和欧洲桃品种群。

（1）北方桃品种群。主要分布在黄河流域，及我国的华北、西北等地区，北纬34°以北地区。主要产地是山东、山西、河南、河北、辽宁、陕西、甘肃等省。本类群果实较大，近圆形或长圆形，果顶突起或呈鹰嘴状，缝合线深而明显，肉质较硬或有韧性。属于本类群的桃品种包括硬桃系、蜜桃系、黄桃系、油桃系等。

（2）南方桃品种群。主要分布于长江流域或北纬34°以南地区，属夏湿带气候。江苏、浙江、上海等地为主要产地。果实圆形、椭圆形或扁平形，果顶多凹陷或圆平，肉质多数柔软、多汁，成熟桃易剥皮，黏核，风味优良。属于本类群的桃品种包括硬桃系、水蜜桃系、黄桃系、蟠桃系。

（3）欧洲桃品种群。该品种群源于雨量稀少的亚洲西部和夏干气候的地中海沿岸。本类群又可以分为西班牙系和油桃系。其中西班牙系多为黄肉、黏核、不溶质桃品种。

三、桃的主产区分布和栽培区划分

（一）桃的主产区分布

一般而言，凡是冬季绝对最低气温不低于-25℃，休眠期日平均气温小于或等于7.2℃的日数在一个月以上，都是桃的适宜栽培区。世界桃的主要产量集中分布在生长季光照充足、少雨，休眠期温度适中的温冬区。在温度条件合适的范围内，不同地区间桃的引种通常是向着夏季少雨、光照改善的方向进行，引种成功的可能性大。不同生态气候条件下形成的桃树种质资源在生理特性上有明显分化，起源于冷冬地区的桃具有良好的抗寒性，而暖冬地区形成的桃资源拥有对短低温环境的适应性。对本性喜光的桃来说，从生长季光照不足、雨水多的长江流域发展起来的华中系品种群，在桃的遗传资源利用上有着特殊重要的地位。

从综合的气候生态类型角度剖析世界桃的产量分布发现，大多数的桃位于生长季阳光充足的少雨地区，尤其是这一气候条件下的温冬区，其冬季温度既可满足桃的休眠要求，又无冬季冻害之虞。产量分布上重要的气候类型之一为生长季阳光较充足的半湿润区，如我国华北和美国东部地区。此外，桃集中产区的地中海沿岸一带和美国加利福尼亚州，均充分反映了桃的喜光习性。值得注意的是中国长江流域和日本的桃区属于生长季多雨、光照不足的气候生态类型。尽管这一生态区的桃在世界总产量中所占的比例不大，然而却是一种很有利用价值的生态类型。由于长期选择的结果，华中系品种群对生长期低光照多湿的气候具有良好的适应性。它们表现花量大、特别是复花芽比例高，产量综合形成能力好。这对本性喜光的桃来说是一种难能可贵的特性。作为这一生态型的代表品种之一的上海水蜜桃，能够成为日本和美国现今栽培桃的祖先，并对世界桃生产发展作出重大贡献，除了其优良的果实品质之外，还与它具有更广泛的气候适应性也是分不开的。

大量的引种实践表明，不同生态地理起源的桃具有特定的气候适应范围，在我国，华北系品种群特别是西北干旱地区的桃引种到长江流域，表现容易徒长，结实不良，很难充分发挥其原有果实品质，但华中系品种引种到北部黄河流域大多表现良好，且果形增大。我国和美国的东南部，地理纬度、温度条件、降水量大体相似，但雨量的分布和光照条件有差异，这一点在两国东南部之间表现尤为明显。引种实践表明，即当生态条件存在差异的地区间进行引种，在一定温度范围内，桃从生长期雨量多、光照差的地区向着雨量减少，光照改善的地区引种，成功的可能性大，反之难度增加。

（二）我国桃栽培区划

在我国，依据各地的生态条件、桃分布现状及其栽培特点，可以将桃划分为5个适宜栽培区，即西北高旱桃区、华北平原桃区、长江流域桃区、云贵高原桃区、青藏高原桃区；2个次适栽培区，即东北高寒桃区、华南亚热带桃区。

1. 西北高旱桃区

本区位于中国西北部，包括新疆、陕西、甘肃、宁夏等省（区），海拔较高，属于大陆性气候的高原地带，季节分明，气温变化剧烈。桃在本区分布甚广，尤以陕西、甘肃最为普遍，各县均有栽培。中国著名的黄桃多集中于此，如"武功黄肉桃""酒泉黄甘桃""富平黄肉桃"等；白桃著名者有"渭南甜桃""富平白沙桃""林泽紫桃"等。新疆北部气候严寒，桃树需采用匍匐栽培，南疆栽培较多，盛产"李光桃""甜仁桃"等。

2. 华北平原桃区

本区位于淮河、秦岭以北，地区辽阔，包括北京、天津、河北大部、辽宁南部、山东、山西、河南大部、江苏和安徽北部。根据气候条件差异，本区又可分为大陆性桃亚区（北京、河北石家庄、山东泰安等地），暖温带桃亚区（山东菏泽、临沂，河南郑州、开封、周口，江苏徐州、淮阴，安徽萧县等地区）以及海洋性桃亚区（辽宁大连，天津，河北秦皇岛，山东烟台、青岛等地）。本区是我国最主要的桃树经济栽培生产区之一，光热是该产区的重要优势特色。蜜桃品种和北方硬肉桃品种主要分布于本区，著名品种有"肥城桃""深州蜜桃""平谷大桃""蒙阴蜜桃"等。由于轻工业原料的需要，20世纪70年代初期开始，罐藏黄桃的种植面积不断扩展，形成了几个较大罐桃基地，如辽宁大连地区、安徽萧县地区、山东蒙阴地区等。

3. 长江流域桃区

本区位于长江两岸，包括江苏南部、浙江、上海、安徽南部、江西和湖南北部、湖北大部及成都平原、汉中盆地，正处于暖温带与亚热带的过渡地带。本区雨量充沛、光热充足，桃树栽培普遍，是我国最主要的桃树经济栽培生产区之一。本区夏季湿热，水蜜桃久负盛名，如"奉化玉露""百花水蜜""上海水蜜"等。上海、江苏、浙江一带的蟠桃更是桃中珍品，素以易溶多汁、香味浓郁著称。硬肉桃栽培减少，零星分布在偏远地区。同时罐藏黄桃已大面积种植，成为食品工业原料的生产基地。

4. 云贵高原桃区

本区包括云南、贵州和四川的西南部，纬度低、海拔高，形成立体垂直气候。本区桃树多栽培于海拔 1 500 m 左右的山坡，以云南分布较广，呈贡、晋宁、曲靖、宜良、宣威、蒙自为集中产区。本区是中国西南黄桃的主要分布区，著名品种有"呈贡黄离核""大金旦""黄心桃"等；白桃有"二早桃""早白桃""白绵胡"等。

5. 青藏高原桃区

本区包括西藏、青海大部、四川西部，为高原地带，海拔3 000 m以上，地势高，气温低，降水量少，气候干燥。果形偏小，以硬肉桃居多。在西藏东部及四川西部的木里等地，野生光核桃甚多，可供生食或制干。

6. 东北高寒桃区

本区位于北纬41°以北，是中国最北的桃区，生长季节短，一般栽培甚少。只有部分地区采用匍匐栽培，覆土防寒，方能过冬。其中能耐严寒（-30℃）的延边毛桃，无须覆土防寒也能安全越冬。其中果形大、风味较好的"珲春桃"是抗寒育种的珍贵品种。

7. 华南亚热带桃区

本区位于北纬23°以北，长江流域以南，包括中国的福建、江西、湖南南部、广东、广西北部和台湾，夏季湿热，冬季温暖，属亚热带气候。本区桃树栽培较少，宜种植对低温需求量少的品种。生产上以硬肉桃居多。近年来，利用高海拔的自然条件，也引进了水蜜桃类型的新品种进行栽培。

第二节　桃营养价值和保健功能

一、桃的营养价值

桃果肉细腻，风味芳香，是一种营养价值很高的水果，根据中国食物成分表（表1-2）可知，桃为零胆固醇食品，且富含维生素A、维生素C、维生素E、胡萝卜素、烟酸、核黄素以及各种宏量与微量元素。中医认为，桃味甘酸，性微温，有养阴生津、补益气血、消积的作用，可解烦止渴、祛暑去热、通二便，可预防便秘、肝脾肿大，可用于大病之后气血亏虚、面黄肌瘦、心悸气短者食用。古代众多医书都说桃有健身益气之功效，经常食桃能润肌肤，养颜色，有益健美。李时珍有用桃仁作为治血滞、风痹、寒热、产后热等处方。桃枭主治小儿虚汗、妇女妊娠下血及儿童头疮，桃花有祛痰、消积等作用。

表1-2 不同品种桃的一般营养成分

（以每100g可食部计）

名称	水分/g	蛋白质/g	脂肪/g	碳水化合物/g	不溶性膳食纤维/g	胆固醇/mg	灰分/g	总维生素A/μg RAE	胡萝卜素/μg	硫胺素/mg	核黄素/mg
桃（代表值）	88.9	0.6	0.1	10.1	1.0	0	0.4	2	20	0.01	0.02
白粉桃	92.7	1.3	0.1	5.5	0.9	0	0.4	—	—	0.01	0.04
高山白桃	88.5	0.7	0.2	10.1	1.3	0	0.5	2	20	0.04	0.01
旱久保桃	87.3	0.9	0.1	11.3	0.8	0	0.4	1	10	0.03	0.02
黄桃	85.2	0.5	0.1	14.0	1.2	0	0.2	8	90	Tr	0.01
久保桃	92.2	0.7	0.1	6.6	1.0	0	0.4	—	—	—	0.03
金红桃	89.0	0.6	0.1	10.0	0.6	0	0.3	—	—	0.04	0.04
蜜桃	87.9	0.6	0.1	11.0	0.6	0	0.4	1	10	0.01	0.02
蒲桃	88.7	0.5	0.2	10.2	2.8	0	0.4	—	—	Tr	0.02
庆丰桃	88.8	0.6	0.1	10.1	0.9	0	0.4	—	—	0.01	0.02

名称	烟酸/mg	维生素C/mg	维生素E 总含量/mg	α-E/mg	(β+γ)-E/mg	δ-E/mg	钙/mg	磷/mg	钾/mg	钠/mg	镁/mg	铁/mg	锌/mg	硒/μg	铜/mg	锰/mg
桃（代表值）	0.3	10.0	0.71	0.25	0.47	0.18	6	11	127	1.7	8	0.3	0.14	0.47	0.06	0.07
白粉桃	0.20	9.0	—	—	1.32	0.22	7	—	—	—	—	—	—	—	—	—
高山白桃	—	10.0	1.05	0.25	0.47	0.33	7	11	169	0.7	4	0.8	0.13	—	0.05	0.04
旱久保桃	0.80	10.0	0.53	0.48	—	0.05	12	18	144	1.8	10	0.2	0.13	0.10	0.06	0.10

（续表）

名称	烟酸/mg	维生素C/mg	维生素E				钙/mg	磷/mg	钾/mg	钠/mg	镁/mg	铁/mg	锌/mg	硒/μg	铜/mg	锰/mg
			总含量/mg	α-E/mg	(β+γ)-E/mg	δ-E/mg										
黄桃	0.30	9.0	0.92	0.92	Tr	Tr	—	7	—	—	—	—	—	0.83	—	—
久保桃	0.20	9.0	—	—	—	—	—	—	—	—	—	—	—	—	—	—
金红桃	1.20	8.0	1.15	1.15	—	—	10	16	100	2.0	8	0.4	0.14	0.10	0.04	0.12
蜜桃	0.60	4.0	1.00	1.00	Tr	Tr	4	8	77	1.7	4	0.2	0.15	0.23	0.06	0.08
蒲桃	0.10	25.0	0.70	0.15	0.55	Tr	4	14	109	1.0	13	0.3	0.17	4.32	0.08	0.07
庆丰桃	0.10	—	0.76	—	—	—	—	2	57	2.1	12	0.3	—	Tr	0.06	0.04

注：RAE, retinol activity equivalent, 视黄醇活性当量;

Tr, 未检出或微量，低于目前应用的检测方法的检出线或未检出;

一，未检测，理论上食物中应该存在一定量的该种成分，但未实际检测。

— 11 —

此外，桃中含铁量较高，在水果中几乎占据首位，故吃桃能防治贫血；桃富含果胶等膳食纤维，经常食用可预防便秘；桃被认为是低钠高钾的水果，适合水肿病人食用。可见桃子营养均衡，是人体保健比较理想的果品。《太清诸卉木方》记载桃花泡酒具有美容功效；桃叶有治疗伤寒、通大便、发汗等效果；桃根皮还能治黄疸病；桃胶可调和血气，治下痢、止痛等等。桃仁中含油 45%，可榨取工业用油；桃核还可雕刻成工艺品；桃壳可制活性炭，可谓桃之全身都是宝。

黑桃原产于我国浙西地区，为高山自然野生，现已有农户栽植，主要分布在浙江省常山县的新桥乡、金源乡及其毗连的淳安县、衢县和开化县等地。黑桃果实皮紫肉红，汁液多，肉厚味美，酸甜可口，单果重 50～120 g，含糖量为 14%左右，每百克果肉含维生素 C 20.295 mg，是其他普通桃的 10 倍，粗纤维 5.09 mg。果肉富含特殊元素等物质，酸甜适中，口感爽脆独特，有浓郁的蜂蜜风味。据报道，黑桃具有较高的药用和保健价值，是目前非常稀少的集食用和抗病保健于一体的珍贵水果，含有的各种营养成分都远远超过其他品种，其中维生素含量是其他桃品种的 10 倍，属桃中珍品。果实中富含多种特殊元素，能有效抑制癌细胞和体内有害细胞的生存，具有健胃消食、降血压等功效。

二、桃的医药保健功能

桃在我国人民心目和传统习俗中具有十分突出的意义。长久以来，民间常将桃木作为镇宅驱邪的神木，成为具有代表性的传统吉祥之物；每逢过年，"总把新桃换旧符"的风俗延传至今。桃性味平和，故民间素有"桃养人"之说。桃花、桃果、桃仁、桃叶、桃胶、桃根全可入药，药用价值还很高，对于治病疗疾更是各显奇功。

（一）桃花

现存最早的药学专著《神农本草经》里记载到，桃花"令人好颜色"；李时珍在《本草纲目》中记载"桃花，性平无毒，活血利水；可轻身，令人好颜"；《千金方》记载"水服桃花方寸匕。治便秘。治腰脊苦痛不遂"。可见，桃花有活血悦肤、峻下利尿、化瘀止痛、美容减肥等功效，主治小便不利、石淋、水肿、痰饮、脚气、便秘、经闭、癫狂、疮疹等症。现代医学研究表明，桃花含有山萘酚、香豆精三叶豆苷、柚皮素、维生素 A、B 族维生素、维生素 C、维生素 E、优质蛋白质、挥发油、脂肪、纤维素、钾、铁、磷、锌等。这些物质有助于血管扩张、脉络疏通、润泽肌肤、促进皮肤营养和氧供给，防止黑色素在皮肤内慢性沉积，从而能有效地预防黄褐斑、雀斑、黑斑。桃叶中的植物蛋白和游离氨基酸易被皮肤吸收，对防止皮肤干燥、粗糙及皱纹等有效，还可增强皮肤的抗病能力。桃花中的多糖成分具有免疫调节、抗肿瘤、降血糖与清除自由基等生物学功效。此外，桃花中可以提取芳香油，也是传统的中药。桃花花粉可能还含有曲酸和熊果苷。目前桃花的应用多限于中医经典方剂，其功能拓展开发还需进一步研究。

（二）桃果

中医认为，桃味甘酸，性微温，有养阴生津、补益气血、消积的作用，可解烦止渴、祛暑去热、通二便，可预防便秘、肝脾肿大，可用于大病之后气血亏虚、面黄肌瘦、心悸气短者食用。古代众多医书都介绍桃有健身益气之功效，经常食桃能润肌肤，养颜色，有益健美。李时珍有用桃仁作治血滞、风痹、寒热、产后热等处方。《随息饮食谱》记载桃果有"补心、活血、生津涤热"的功效。

（三）桃仁

桃仁，为桃的成熟种子，也是用途较广的一味中药。传统中医学认为，桃仁性平，味甘、苦，归于心、肝、大肠经。其公用特点围绕两点，即入血分以活血化瘀、质地润滑以润肠通便，并有止咳平喘之功效。药理实验证明，桃仁醇提取物有显著的抑制血凝作用和较弱的溶血作用；所含苦杏苷，能够分离出氢氰酸，对呼吸中枢有镇静作用。需要注意的是，桃仁活血作用显著，禁用于有出血倾向（如经期）者，以及孕妇、泄泻患者和大便稀溏者慎用。

（四）桃胶

桃胶，又名"桃花泪、桃油、桃树胶"，是桃树的树皮在外界环境的胁迫下自我保护防御而产生的、介导并增强免疫反应的信号物质，多为红褐色或黄褐色胶状物质。桃胶中多糖含量达80%以上，此外还含有一定量的水分、蛋白质、无机元素等。《本草纲目》记载："桃茂盛时，以刀割树皮，久则胶溢出，采收，以桑灰汤浸过曝干用""合血益气，治下痢，止痛"。桃胶性平，味苦，无毒，归大肠、膀胱经。桃胶药用主要功效为利尿通淋，用于石淋、血淋、痢疾；临床亦用于治疗糖尿病，具有降低空腹血糖、餐后血糖的作用；同时具有调节免疫力、降血脂、抗菌、抗氧化等作用。现代临床医学发现，桃胶能够促进胃肠道蠕动、缓解便秘，有利于新陈代谢。此外桃胶具有良好的成膜性，能帮助烫伤患者伤口愈合。桃胶食用历史悠久、广泛，沿海江浙一带民间有长期食用桃胶的习惯。近年来，桃胶重归大众视野，人们对桃胶的开发与研究也越来越火热。

三、桃的观赏价值

桃是一种乔木，高 3~8 m；树冠宽广而平展；树皮暗红褐色，老时粗糙呈鳞片状；小枝细长，无毛，有光泽，绿色，向阳处转变成红色，具大量小皮孔；冬芽圆锥形，顶端钝，外被短柔毛，常 2~3 个簇生，中间为叶芽，两侧为花芽。

叶片长圆披针形、椭圆披针形或倒卵状披针形，长 7~15 cm，宽 2~3.5 cm，先端渐尖，基部宽楔形，正面无毛，背面在脉腋间具少数短柔毛或无毛，叶边具细锯齿或粗锯齿，齿端具腺体或无腺体；叶柄粗壮，长 1~2 cm，常具 1 至数枚腺体，有时无腺体。

花单生，先于叶开放，直径 2.5~3.5 cm；花梗极短或几乎无梗；萼筒钟形，被短柔毛，稀几无毛，绿色而具红色斑点；萼片卵形至长圆形，顶端圆钝，外被短柔毛；花瓣长圆形、椭圆形至宽倒卵形，粉红色，罕为白色；雄蕊 20~30 mm，花药绯红色；花柱几乎与雄蕊等长或稍短；子房被短柔毛。

果实形状和大小均有变异，卵形、宽椭圆形或扁圆形，色泽变化由淡绿白色至橙黄色，常在向阳面具红晕，外面密被短柔毛，稀无毛，腹缝明显，果梗短而深入果洼；果肉白色、浅绿白色、黄色、橙黄色或红色，多汁有香味，甜或酸甜；核大，离核或黏核，椭圆形或近圆形，两侧扁平，顶端渐尖，表面具纵、横沟纹和孔穴；种仁味苦，稀味甜。花期 3—4 月，果实成熟期因品种而异，通常为 8—9 月。

在中国传统文化中，桃是一个多义的象征体系。在人们的文化观念中，桃蕴含着图腾崇拜、生殖崇拜的原始信仰，有着生育、吉祥、长寿的民俗象征意义。这些象征意义以各种不同的形式潜存于民族心理之中并通过民俗活动得以引申、发展、整合、变异。桃花象征着春天、爱情、美颜与理想世界；枝木用于驱邪求吉；桃果融入了中国的仙话中，隐含着长寿、健康、生育的寓意。桃树的花叶、枝木、子果都烛照着民俗文化的光芒，其中表现的生命意识，致密地渗透在中国桃文化的纹理中。

桃花在中国园林中的应用已经相当普遍，观赏桃以其多姿多态的株形、娇艳巧媚的桃花、韵意深厚的桃花文化成为我国著名的赏花春景，全国也形成了许多赏桃胜地如北京植物园、广州石马、杭州西湖、江西庐山、上海南汇及龙华、四川成都、兰州安宁、湖南桃源及桃江，以种植大量桃花或举办一年一度的桃花节而成为中国十大桃花观赏胜地。其中庐山、成都、桃花源、龙华、杭州及北京，就是栽植观赏桃而闻名的，许多新品种都产生于此。北京植物园以收集的桃花品种为基础，培育出"粉花山碧"桃和"粉红山碧"桃两个早花桃花品种，均为山碧桃系品种。二者均以"白花山碧"桃为父本，保留了父本高大的树体和早花的特性；同时分别继承了其母本"合欢二色"桃和"绛桃"的鲜艳花色和复瓣特点，成为能够很好衔接山桃和桃花之间花期断档空缺的不可多得的早花品种。"斑叶"桃则是北京植物园从"紫叶"桃中选育出的新品种，以其绿色叶上不规则的紫色斑点或条纹而独具特色。

第三节　桃相关标准

一、桃等级规格

依据中华人民共和国农业行业标准 NY/T 1792—2009《桃等级规格要求》，鲜食桃应符合的基本条件为：完好；新鲜、洁净；无碰压伤、裂果、虫伤、病害等果面缺陷；无异常外部水分；无异味；充分发育，达到市场和运输贮藏所要求的成熟度。在符合基本要求的前提下，可以将桃分为特级、一级和二级，具体的应符合表1-3的规定。

表1-3 桃果实等级

项目		特级	一级	二级
果形		具有本品种的固有特征	具有本品种的固有特征	可稍有不正，但不得有畸形果
果皮着色		红色，粉红面积不低于3/4	红色，粉红面积不低于1/2	红色，粉红面积不低于1/4
果面缺陷	碰压伤	无	无	无
	蟠桃梗洼处果皮损伤	无	总面积≤0.5 cm²	总面积≤1.0 cm²
	磨伤	无	允许轻微磨伤一处，总面积≤0.5 cm²	允许轻微不褐变的磨伤，总面积≤1.0 cm²
	雹伤	无	无	允许轻微雹伤，总面积≤0.5 cm²
	裂果	无	允许风干裂口有一处，总长度≤0.5 cm	允许风干裂口有两处，总长度≤1 cm
	虫伤	无	允许轻微虫伤一处，总面积≤0.03 cm²	允许轻微虫伤，总面积≤0.03 cm²

按规格划分，桃可以分为小、中、大规格，具体重量应符合表1-4的规定。

表1-4 桃规格 单位：g

规格	小	中	大
极早熟品种	<90	90~120	≥120
早熟品种	<120	120~150	≥150
中熟品种	<150	150~200	≥200
晚熟品种	<180	180~250	≥250
极晚熟品种	<150	150~200	≥200

注：各规格不符合单果重规定范围的邻级果实不得超过5%。

二、桃果实质量等级标准

根据中华人民共和国农业行业标准 NY/T 586—2002《鲜桃》对果实质量等级标准的要求需符合表1-5的规定。

表 1-5　果实质量等级标准

果实质量/g	等级代码
350<m	AAAA
270<m≤350	AAA
220<m≤270	AA
180<m≤220	A
150<m≤180	B
130<m≤150	C
110<m≤130	D
90<m≤110	E

三、绿色食品桃的要求

根据中华人民共和国农业行业标准 NY/T 424—2000《绿色食品　鲜桃》要求，绿色食品桃需要分别满足感官要求（表 1-6）、理化要求（表 1-7）和卫生要求（表 1-8）。

表 1-6　绿色食品桃的感官要求

项目		指标
	质量	果实充分发育，新鲜清洁，无异常气味或滋味，不带不正常的外来水分，具有适于市场或贮存要求的成熟度
	果形	果形具有本品种应有的特征
	色泽	果皮颜色具有本品种成熟时应具有的色泽
	横径/mm	极早熟品种≥60 早熟品种≥65 中熟品种≥70 晚熟品种≥80 极晚熟品种≥80
	果面	无缺陷（包括刺伤、碰伤、磨伤、雹伤、裂伤、病伤）
容许度	产地验收/%	≤3
	发货站验收/%	≤5

注：某些品种果形小，如白凤桃，横径等级的划分不按此规定

表 1-7 绿色食品桃的理化要求

项目	极早熟品种	早熟品种	中熟品种	晚熟品种	极晚熟品种
可溶性固形物（20℃）/%	≥8.5	≥9.0	≥10.0	≥10.0	≥10.0
总酸（以苹果酸计）/%	≥2.0	≥2.0	≥2.0	≥2.0	≥2.0
固酸比	≥10	≥10	≥10	≥10	≥10

表 1-8 绿色食品桃的卫生要求

项目	指标
砷/（mg/kg）	≤0.1
铅/（mg/kg）	≤0.05
镉/（mg/kg）	≤0.03
汞/（mg/kg）	≤0.005
氟/（mg/kg）	≤0.5
铬/（mg/kg）	≤0.1
六六六/（mg/kg）	≤0.05
滴滴涕/（mg/kg）	≤0.05
敌敌畏/（mg/kg）	≤0.1
乐果/（mg/kg）	≤0.5
多菌灵/（mg/kg）	≤0.2
溴氰菊酯/（mg/kg）	≤0.05
氯氰菊酯/（mg/kg）	≤1.0
氰戊菊酯/（mg/kg）	≤0.1
杀螟硫磷	不得检出
倍硫磷	不得检出
马拉硫磷	不得检出
对硫磷	不得检出
甲拌磷	不得检出
氧化乐果	不得检出

注：其他农药残留限量应符合 NY/T 393 的规定

四、水蜜桃果实要求

水蜜桃（honey peach）为普通桃中柔软多汁、易剥皮、多黏核、不耐贮运的一类桃。根据果实生长发育期，可以将水蜜桃划分为特早熟品种

（生长发育期≤65 d），早熟品种（66~90 d），中熟品种（91~120 d），晚熟品种（121~150 d）和极晚熟品种（>150 d）。水蜜桃果实感官指标和理化指标应分别符合表1-9和表1-10的要求。

表1-9 水蜜桃感官指标要求

项目	级别		
	优等品	一等品	二等品
果形	具该品种固有特征，果形端正、整齐、一致	具该品种固有特征，形状端正较一致	具该品种固有特征，果形端正，无明显畸形
色泽	均匀一致		较均匀一致
果面	洁净、无病、无虫伤和机械伤、无各种斑疤		
梗洼	无伤痕、无虫斑	无伤痕，虫斑≤2个	

表1-10 水蜜桃理化指标要求

项目		优等品	一等品	二等品
单果重（g）	特早熟品种	≥110	≥90	≥80
	早熟品种	130~250	≥110	≥100
	中熟品种	175~350	≥150	≥125
	晚熟品种	225~350	≥185	≥150
	特晚熟品种	200~300	≥180	≥150
可溶性固形物（%）	特早熟品种	≥8.0	≥8.0	≥7.0
	早熟品种	≥9.5	≥9.5	≥9.0
	中熟品种	≥11.5	≥11.0	≥10.5
	晚熟品种	≥12.0	≥11.5	≥11.0
	特晚熟品种	≥12.5	≥12.0	≥11.5

五、肥城桃果实要求

肥城桃简称"肥桃"，因产于山东省肥城市境内而得名，已有1 100多年的栽培历史。肥城桃果形端正、美观，呈圆球形，果尖稍凸，缝合线深而明显，梗洼深广，两半对称。成熟后果面底色米黄色（部分阳面有红晕）。果实肥大，黏核，果肉乳白，肉质细嫩致密，柔软多汁，口味甘甜。2016 年 3 月 31 日，农业部批准对"肥城桃"实施国家农产品地理标志登记保护。肥城桃等级质量标准需符合表 1-11 的规定。

表 1-11　肥城桃的等级质量标准

<table>
<tr><td rowspan="2">项目</td><td colspan="3">质量指标</td></tr>
<tr><td>一等品</td><td>二等品</td><td>三等品</td></tr>
<tr><td>基本要求</td><td colspan="3">各等级的肥城桃果都必须完整良好，新鲜洁净，无不正常的外来水分，无异味，发育正常，无刺划伤等机械损伤，无虫伤及病害。具有贮存或市场要求的成熟度</td></tr>
<tr><td>果形</td><td colspan="2">果形端正，具有本品种固有的特征</td><td>果形端正，允许有轻微缺陷</td></tr>
<tr><td>色泽</td><td>具有本品种成熟时应有的色泽，且鲜亮</td><td>具有本品种成熟时应有的色泽</td><td>色泽浅绿</td></tr>
<tr><td>果实横径（mm）</td><td>≥90</td><td>≥85</td><td>≥75</td></tr>
<tr><td rowspan="5">果面果缺</td><td>碰压伤</td><td>不允许</td><td>允许碰压伤 1 处，面积不超过 0.3 cm²</td><td>允许碰压伤总面积不超过 1.0 cm²，其中最大处面积不超过 0.5 cm²</td></tr>
<tr><td>磨伤</td><td>允许轻微磨伤 1 处，面积 ≤1.0 cm²</td><td>允许轻微磨伤不得多于 2 处，总面积 ≤2.0 cm²</td><td>允许轻微磨伤不得多于 3 处，总面积 ≤3.0 cm²</td></tr>
<tr><td>水锈、垢斑</td><td>不允许</td><td>允许轻微薄层痕迹，面积 ≤1.0 cm²</td><td>允许轻微薄层痕迹，面积 ≤2.0 cm²</td></tr>
<tr><td>雹伤</td><td>不允许</td><td>允许轻微者 1 处，面积 ≤1.0 cm²</td><td>允许轻微者 2 处，面积 ≤2.0 cm²</td></tr>
<tr><td>裂果</td><td>不允许</td><td>允许风干裂口 2 处，每处长度 ≤0.5 cm²</td><td>允许风干裂口 2 处，每处长度 ≤1.0 cm²</td></tr>
<tr><td rowspan="5">果实理化指标</td><td>硬度（kgf/cm²）</td><td colspan="3">5.00~6.00</td></tr>
<tr><td>可溶性固形物（%）</td><td colspan="2">≥13.00</td><td>≥11.00</td></tr>
<tr><td>总糖量（%）</td><td colspan="2">≥8.00</td><td>≥6.00</td></tr>
<tr><td>总酸量（%）</td><td colspan="3">≤0.40</td></tr>
<tr><td>采收期*</td><td colspan="3">8 月下旬至 9 月上旬</td></tr>
</table>

注：＊采收期指山东省肥城市肥城桃主产区的采收期。

六、深州蜜桃果实要求

深州蜜桃是指在河北省深州市辖区内生产的个头硕大、形态秀美、色泽鲜艳、皮薄肉嫩、果肉细腻、汁甜如蜜、果面洁净、果味纯正、果品质量符合标准要求的鲜桃。深州蜜桃有红蜜和白蜜两个品系。其中，红蜜，又称"魁蜜""冷桃"，果实长圆形，果顶突出有尖，缝合线深，两边对称，柄短，梗洼深，果色鲜艳，向阳面有红霞。果肉乳白色或淡黄色，黏核，近核处有紫红色射线。白蜜，果实圆形，果顶稍凹，嘴钝，缝合线较深而明显，柄短，梗洼深，色泽微粉红，果肉白色，黏核。深州蜜桃的理化指标和等级划分需分别符合表 1-12 和表 1-13 的要求。

表 1-12 深州蜜桃理化指标要求

项目	指标
可溶性固形物（%）	≥15.0
总酸（%）	≤0.16

表 1-13 深州蜜桃等级划分

项目	特级	一级	二级
果形	具有本品种的固有特性	具有本品种的固有特性	可稍有不正，但不得有畸形果
果重	≥500 g	≥400 g	≥300 g
外观	外观无损伤、果形周正、果色鲜艳		

第二章 桃罐头加工技术与产品质量控制

随着消费升级和消费者健康意识以及购买力的提高，罐藏制品消费逐年增长，因食用方便、耐贮藏、可调节市场淡季，加之方便型包装产品的问世使其成为当今国际市场经久不衰的大众流行食品，深受各国消费者的青睐。罐藏加工用桃以新鲜黄桃和暂存的速冻桃为主，占原料的四成左右，品种多为金童 5 号、金童 6 号、黄金冠、罐 5、NJC83、NJC19 等。罐藏黄桃作为我国第二大出口的罐藏加工产品，由于近年来国内外市场发展不平衡，因此极易受国际市场波动的影响。2020 年，我国桃罐头出口 15.78 万 t，占水果罐头出口总量的 31%，数量同比增长 18%；总出口创汇 1.67 亿美元，平均单价 1 059 美元/t，金额提高 15%，均价减少 3%。我国桃罐头出口 93 个国家及地区，其中出口量超千吨的国家有美国、日本、智利、俄罗斯、加拿大、泰国、墨西哥、澳大利亚、也门、越南和新西兰。我国桃罐头对美国出口 5.26 万 t，占桃罐头出口总量的 33%，数量同比增长 35%，金额提高 42%，单价上升 5%；对日本出口 3.33 万 t，占中国桃罐头出口总量的 21%，数量同比增长 3%，金额降低 1%，单价下降 5%；对智利出口 1.90 万 t，占中国桃罐头出口总量的 12%，数量同比增长 229%，金额提高 191%，单价下降 11%。我国出口桃罐头的 21 个省（区、市）中，出口量超千吨的省（市）有山东、浙江、安徽、福建、江苏、河北、辽宁、河南、北京和湖北。其中，山东省出口量 4.78 万 t，占中国桃罐头出口总量 30%，数量同比增长 28%，金额提高 27%，单价下降 1%；浙江省出口量 2.58 万 t，占中国桃罐头出口总量的 16%，数量同比增长 15%，金额提高 15%，单价下降 1%；安徽省出口量 2.28 万 t，占中国桃罐头出口总量的 14%，数量同比增长 23%，金额提高 15%，单价下降 6%；福建省出口量 2.09 万 t，占中国桃罐头出口总量的 13%，数量同比增长 86%，金额提高 73%，单价下降 7%；江苏省出口量 1.92 万 t，占中国桃罐头出口总量的 12%，数量同比减少 21%，金额降低 20%，单价上升 1%（商会水果罐头分会，2020；中国海关，2020）。

第一节　桃罐头加工工艺

一、桃罐头加工工艺流程

桃罐头是指以新鲜、冷冻或罐装的商业用罐藏类桃子品种为主要原料，经加工处理、装罐、加汤汁、密封、杀菌、冷却加工而成的罐头食品。桃罐头加工工艺流程如图 2-1 所示。

二、桃罐头生产加工技术要点

1. 原辅料采购和验收

（1）原料采购和验收。桃应新鲜、冷藏或速冻良好，果实应新鲜饱满、成熟适度、风味正常。黄桃应为金黄色至黄色，白桃应为乳白至青白色，果皮、果尖、核窝及合缝处允许有微红色。不允许严重的红丝、软烂、机械伤、病虫害等；果实横径 50~70 mm。原料供应商须提供产地验收证明，无证明者拒收；原料进厂农残检测合格后方可投入使用。

（2）辅料采购和验收。白砂糖、柠檬酸、维生素 C 等辅料及空罐由厂方提供营业执照、生产许可证、每年一次的型式检验报告，试用及评估合格后方可采购，进货的产品质量符合国家标准，提供质量检测分析报告，并经品管部验收合格后方可入库。

2. 冷藏储存

鲜果原料储存在 0~4℃，相对湿度 85%~90% 的冷库中。

3. 领料

根据生产订单的要求到冷库中领取符合条件的原料。

4. 原料清洗

使用洗果机自动清洗去泥沙杂物。

5. 破桃挖核

（1）破桃。要求沿桃子的缝合线对切开，防止切偏。

（2）挖核。采用挖核器顺着桃核的形状将核去除干净，要求核窝端正，不带走桃肉，去核后形成半圆球形；或采用设备自动破桃挖核。

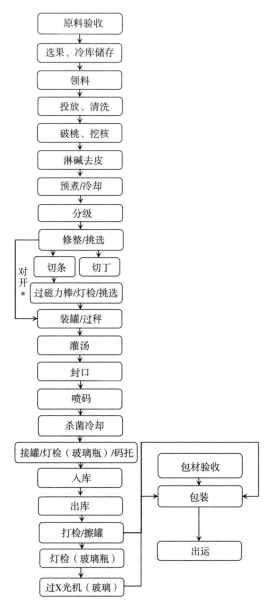

* 对开是指将桃去皮、去核后，沿桃缝合线切成大致相等的两瓣。

图 2-1　桃罐头加工一般工艺流程

6. 淋碱去皮

碱液浓度 6%~14%，pH 值控制在 12.5~14.0，温度 85~95℃，时间 30~60 s。然后用滚筒去皮机或毛刷去皮机进行去皮，再用流动水冲洗干净（注：碱液浓度、温度、淋碱时间可根据桃子品种、成熟度适当调整）。

7. 预煮、冷却

预煮温度 50~95℃（根据原料状况可以变动），时间 2~5 min；预煮后立即采用流动水冷却。

8. 分级

采用分级机进行大小分级。

9. 挑选、修整

挑选：在输送带上把带有残皮、红边、桃尖、带边缝合线、机械伤等原料进行挑选，按桃子的形状和可使用程度，放入不同容器中。

修整：用不锈钢小刀修去残皮、虫害斑点、核、桃尖等，用流动水清洗干净。

10. 对开/切丁/切条

（1）对开。使用挖核切片机将原料沿缝合线切成大小均匀的两半，挖去桃核近核处红色果肉，经分选之后可直接装罐。

（2）切丁。按要求切丁，桃丁的尺寸符合标准要求。

（3）切条。根据客户和标准要求。同级桃条形状一致，切口无毛边。

11. 空罐/瓶清洗、消毒、投放

将验收合格的空罐/瓶，倒放在容器内或经过导轨，用 82℃以上热水清洗消毒 12 s 以上。

12. 装罐/过秤

装罐时注意剔除不合格桃块（条或丁），要求固形物含量不低于标识净重的 55%，保证同一罐内原料的大小、色泽、形态大致均匀。沥净水后称重。

13. 配汤、灌汤

（1）糖水类桃罐头。①称量。对半成品糖度、pH 值进行检测，根据成品标准要求及配方用量（如白砂糖、柠檬酸、维生素 C）进行配比。称量配料时要注意各种配料的标识以防混淆，称料后要注意保持原物料的干燥，严防受潮。②汤汁调配。配汤水使用处理水，调配汤汁时，要控制好时间和温度，汤汁出锅温度 88~92℃，汤汁出锅后到使用结束时间不能超过 50 min；水处理：通过反渗透水处理设备将地下水处理为纯净水。③灌汤。浇灌糖水必须经过过滤，汤温不低于 85℃，糖水贮存不超过 1 h，禁止使用隔夜糖水。

（2）果汁类桃罐头。成品开罐折光 10%~12%，pH 值控制在 3.4~3.8，可适当添加白砂糖、柠檬酸和维生素 C。

（3）清水类桃罐头。成品开罐 pH 值控制在 3.4~3.8，可适当添加木糖醇和三氯蔗糖等甜味剂。

14. 封口

封口前校车，迭接率和完整率达到 50% 以上，紧密度达到 60% 以上后方可正式生产，每小时目测检查一次卷边外观质量，每 2 h 解剖检查一次。

15. 杀菌冷却

喷码后的产品进入杀菌，采用巴氏杀菌法，杀菌温度 90℃ 左右，时间根据罐型的大小做相应调整，从封口到杀菌的时间不超过 1 h，确保罐头内温度达到 82℃。杀菌后及时冷却，至罐头温度降至 37℃ 以下。冷却水要保持余氯含量大于 $0.5×10^{-6}$ mg/L。

16. 接罐

采用自动擦罐机，并挑出不合格罐每天集中后单独堆垛并标识。

17. 灯检（玻璃瓶）

玻璃瓶产品需要经过灯检，剔除杂质、异物等，标识单独存放。

18. 入库

一托产品堆码完毕后，绕好缠绕膜，并填写好"产品跟踪记录卡"，入库保管。

19. 出库

确认批次、数量及品种，按批次先进先出。

20. 打检/擦罐

打检时注意剔除无真空罐和低真空罐；罐身灰尘擦除；其中玻璃瓶产品敲检后逐瓶经过灯检。

21. 过 X 光机（玻璃瓶）

在装箱之前逐瓶过 X 光机。

22. 包装

剔除不合格罐后进行贴标、装箱和堆垛等一系列操作。

23. 出运

采用装集装箱或其他方式出运。

第二节　桃罐头质量要求及标准

一、罐藏黄桃果实质量等级要求

制罐用黄桃要求果实完整良好，成熟，新鲜清洁，无病虫为害症状，无不正常外来水分，无异味。裂果、碰压伤、磨伤、雹伤等机械伤总面积不大于 0.5 cm²。果实圆形或短椭圆形、端正、对称或较对称。果面平整，果皮黄色或橙黄色，具有本品种应有的风味特征。黄桃果实大小等级划分和果实品质等级划分分别按表 2-1 和表 2-2 执行。

表 2-1　黄桃果实大小等级划分

项目	等级		
	一等	二等	三等
果实大小（g）	150~250	120~150	90~120

表 2-2　黄桃果实品质等级划分

项目	等级		
	一等	二等	三等
肉质	不溶质	不溶质	不溶质或硬溶质
肉色	黄色，色卡 6 以上	黄色，色卡 5 以上	
红色素	无	<1/4	1/4~2/4
核黏离性	黏核	黏核	黏核或离核
可溶性固形物（%）	≥10	9~10	8~9
糖酸比 *	（15~20）：1	（13~15）：1	（10~13）：1

注：*果实可溶性糖含量与可滴定酸含量的比值。

二、产品质量要求/标准

（一）产品分类

1. 按品种分类

按品种不同分为黄桃罐头和白桃罐头。

2. 按块形分类

按块形不同分为两开桃片、四开桃片、桃条，不规则桃条、桃丁、不规则桃丁。

3. 按汤汁分类

（1）糖水型。汤汁为白砂糖或糖浆的水溶液。

（2）果汁型。汤汁为水和果汁的混合液。

（3）混合型。汤汁为果汁、白砂糖、果葡糖浆、甜味剂中两种以上（包括两种）物质的水溶液。

（4）清水型。汤汁为清水。

（二）产品感官要求

根据 GB/T 13516—2014《桃罐头》规定，桃罐头的感官要求应符合表 2-3 的规定。

表 2-3　桃罐头感官要求

项目	优级品	一级品
色泽	黄桃呈金黄色至黄色，白桃呈乳白色至乳黄色，同一罐内色泽一致，无变色迹象；糖水澄清较透明	黄桃呈黄色至淡黄色，白桃呈乳黄色至青白色，同一罐内色泽基本一致，核窝附近允许有变色
滋味、气味	具有桃罐头应有的滋味和气味，香味浓郁，无异味	
组织及形态	肉质均匀，软硬适度，不连叉，无核窝松软现象；块形完整，同一罐内果块大小均匀。过度修整、机械伤、去核不良、瘫软缺陷片数总和不得超过总片数的25%，不得残存果皮。两开和四开桃片，最大果肉的宽度与最小果肉的宽度之差不得大于1.5 cm，允许有极少量果肉碎屑 两开桃片和四开桃片，单块果肉最小的重量分别为23 g和15 g	肉质较均匀，软硬较适度，有连叉，核窝有少量松软现象，块形基本完整，同一罐内果块大小均匀，过度修整、毛边、机械伤、去核不良、瘫软缺陷片数总和不得超过总片数的35%，不得残存果皮。两开和四开桃片，最大果肉的宽度与最小果肉的宽度之差不得大于2.0 cm，允许有少量果肉碎屑 两开桃片和四开桃片，单块果肉最小的重量分别为20 g和12 g
杂质	无外来杂质	

（三）产品理化要求

1. 净含量要求

每批产品平均净含量不低于标示值。

2. 固形物含量要求

桃罐头产品的固形物含量符合表 2-4 的要求

表 2-4 固形物含量要求

类型	优级品	一级品
镀锡薄板容器装罐头	≥60%	
玻璃瓶装罐头	≥55%	≥50%
软包装罐头（复合塑料杯、袋、瓶等）	≥55%	≥50%

3. 可溶性固形物含量（20℃，按折光计法）

（1）糖水型罐头，开罐时要求。

低浓度：10%~14%

中浓度：14%~18%

高浓度：18%~22%

特高浓度：22%~35%

（2）果汁型罐头，开罐时要求。

低浓度：8%~14%

中浓度：14%~18%

高浓度：18%~22%

（3）混合型罐头，开罐时要求。

低浓度：10%~14%

中浓度：14%~18%

高浓度：18%~22%

特高浓度：22%~35%

（四）pH 值的要求

桃罐头产品的 pH 值应为 3.4~4.0。

（五）产品其他要求

桃罐头产品卫生指标应符合 GB 11671 的规定。加工过程卫生要求应符合 GB 8950 和 GB/T 20938 的规定。微生物指标应符合罐头食品商业无菌要求。食品添加剂的使用应符合 GB 2760 的规定。

第三节　桃罐头加工设备

一、清洗设备

1. 鼓风式清洗设备

由洗槽、输送机、喷水装置、空气输送装置、传送系统等构成。基本原理是用鼓风机把空气送进洗槽中，使水产生剧烈的翻动，对果蔬原料进行清洗，利用空气进行搅拌，既可以加速污物从原料上洗出，又能在强烈的空气翻动下保护原料的完整性。

2. 滚筒式清洗机

由清洗滚筒、喷水装置、机架及传动装置构成。基本原理是将原料置于清洗滚筒中，借助清洗滚筒的转动，使原料在其中不断翻动，同时用水管喷射高压水来冲洗翻动的原料，达到清洗的目的。

二、分级设备

果品机械化分级设备是 20 世纪 80 年代后才在国内快速发展起来的新型产业。在此之前国内普遍采用的分级器是分级孔板，以孔板上不同大小的孔径来分选果品，系纯手工操作，90 年代中期在果品集中产区和集散地，开始普遍采用机械化自动分级设备。常用的分级设备有 5 种类型。

1. 按果实大小分级

利用机械传动使果实通过具有不同尺寸的选果工作部件，依次选出不同果径级别的果实。国产 6GF-1.0 型水果大小分级机，采用辊、带间隙分级原理，工作时分级辊做匀速运动，输送做直线运动。当果实直径小于分级辊与输送带之间的间隙时，则顺间隙掉入水果槽。果实因直径不同而通过不同的间隙落入相应级别的水果槽，分级精度>95%，产量>1.5 t/h。

2. 按果实重量分级

利用杠杆平衡原理，在杠杆一端放有平衡重或计量装置。另一端放盛果部件，当盛果部件上的果实重量超过平衡重时，杠杆倾斜抛出果实，承载较轻果实时，杠杆越过此平衡重位置前移，当遇到较轻平衡重时，杠杆才倾斜，盛果部件在新的位置抛出较轻果实，由此，将果实分为若干等级。近期生产的微机控制重量分级机，采用先进的电子仪器测定重量，可按需要选择准确的分级基准，分级精度高，使用特制滑槽，落差小，水果不受冲击，分级、装箱所需时间比传统方法提高了1/2。美国产 Decco 型果品分级机，具有速度快，通用性强的特点，它根据体积分级原理进行工作，综合了大小和重量分级机的优点，使分级作业在保证高效率的同时做到了柔和平缓地进行，保证了水果不受损伤。

3. 按果实色泽分级

基本原理是果实从电子发光点前通过时，果实的反射光被能测定波长的光电管接受，果实色泽不同时，其反射光的波长就不同，设备中的仪器可根据波长进行分析，按对果实色泽的标准要求确定取舍，达到了分级目的。

意大利产果品分级机，是按照水果的反射光强的原理进行工作的，工作时，果实在松散的传送带上跳跃移动，光线可照射到水果的大多部位，反射光传入电脑，由电脑按反射率的不同将果实分开。日本三菱公司产水果成熟度分级机，是利用光敏传感器综合测出水果表面颜色，与事先存在计算机中的水果有关数据进行对比，推算出成熟度和糖分，并以此分级。

4. 按果实色泽及重量分级

为了满足果品分选要求，欧美一些国家应用现代微机控制技术，按多种分选原理制成组合式果品分选设备。它既可使某一等级的果实达到一定大小和重量标准，又可满足一定的色泽要求。

该种设备首先在意大利用于生产，其工作原理是将色泽分级和大小分级相结合。首先是带有可变孔径的传送带进行大小分级，在传送带的下边装有光源，传送带上漏下的果实经光源照射，反射光又传送给电脑，由电脑根据光的反射情况不同，将每一级漏下的果实进行级别分类。目前，国内的果品分选技术和设备也正在普遍应用现代的光电测试和微机控制技术。

5. 利用近红外技术分级

NIR 是近红外技术的简称，近红外线的波长为 800~2 500 nm，略高于可见光（波长 400~750 nm），属红外线部分。NIR 可用于某些化合物定量测定，包括叶绿素、可溶性固形物，蛋白质等。使用 NIR 测定果实不需要破坏果实本身，属无损检测技术，是今后果实分级技术发展的方向。

应用 NIR 进行果实分级的过程是将果实放在传送带上，通过一个专用设备，由传感器记录反射光，对某一波长的光吸收量与反射量等数据检测，然后送入微处理器进行分析处理，从而得出可溶性固形物含量。同理，可对果皮颜色、体积和重量进行测定。测定完成后果实按大小、外观和内含物等指标进行分级。

三、去皮设备

碱液去皮是目前罐头加工最常用的去皮方式。以叶轮式碱液去皮箱为例，叶轮的叶片以 6 片为宜，充分利用入果时果实自重减少输出果实的阻力。叶轮上小孔直径小于 1 cm，便于碱液流动。其热源一般为蒸汽，通过底部的加热盘管加热碱液。箱体上设有温度测量装置及 pH 值（碱液浓度）指示器、自来水入口。清水喷淋筒为带孔的筒结构，筒上有活门。自来水管由轴套进入，开有细小喷孔，并保证一定压力，开关控制与筒体活门相反。对桃冲洗后，废液及去掉的皮从筒体上的孔中流出。

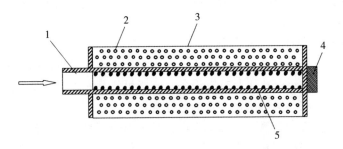

1. 水管；2. 筒体壁上开的孔；3. 筒壁；4. 轴；5. 水管上开的喷水小孔。

图 2-2　清水喷淋筒剖面示意

四、罐装和封罐设备

（一）金属罐头

金属罐容器多指马口铁罐、铝质罐和金属复合罐容器。

金属罐头的封口方法是卷边封口法。这种方法是将预先翻边的罐身与法兰状的罐盖内测周边相互卷曲、钩合而实现的封口。对于用马口铁所制制品"三片罐",卷边封口首先用来链接无盖罐身和罐盖(底)制成空罐,然后再链接罐身(装物后)与罐盖而实现封口。金属罐的卷边封口法中最典型实用的是二重卷边法。即用两个沟槽形状不同的滚轮,分先后两次对罐体和罐盖凸缘进行卷封。为使封口结合部位密封性好,一般可通过盖的内壁凸缘上涂覆胶液(橡胶和树脂等),经卷边后夹在卷缝中,以增加其密封可靠度。

二重卷边封口设备是近年来金属桃罐头常用的卷边封口机,具体可以分为以下类别:

按自动化程度可以分为手动式、半自动式(进口罐靠人工)、全自动式;

按封口罐型可以分为圆形、异形(方、椭圆)、马蹄形;

按卷封机结构特征可以分为单机头、双机头、多机头、单工位、双工位、直线式、多工位回转式;

按卷封操作条件可以分为非真空式、真空式;

按卷封工作方法可以分为罐身旋转式和罐身不转式。

卷边封口机虽多,但基本组成部分却是大同小异。主要包括供送、转位、卷封、传动等机构。但核心部件却几乎是相同的,即压头、托罐盘、卷封滚轮(导轨)。

(二)玻璃罐头

玻璃罐头在进行灌装作业的时候,需要保持罐装糖液的稳定性,因此需要采用不同的灌装方法,常见的有常压灌装法、等压灌装法、真空灌装法、压力灌装法。根据糖液的黏度、含气量、保质期等选择具体的灌装法。

1. 常压灌装法

这种方法是利用纯重力的基本原理,在常压状态下,液体利用自身重力流入玻璃罐中。能够自由流动,而且没有含有气的液体,都可以采用这种方法进行灌装。

2. 等压灌装法

这种方法采用的是压力和重力相结合的基本原理,为保证玻璃瓶与注液箱等压,需要对玻璃瓶进行充气,随后液体自重流入玻璃瓶中。能够自由流动，而且含气的液体都可以采用这种方法进行灌装。

3. 真空灌装法

这种方法的基本原理是降低玻璃瓶的气压，使其低于大气气压，常见的有压差真空式和重力真空式两种，前者是直接对玻璃瓶抽气，保持瓶内真空状态，并与注液箱形成压差，液体则依靠压差作用流入玻璃瓶内；后者的注液箱本身真空，对玻璃瓶抽气，保持瓶内真空状态，液体自动流入瓶内。这种方法适用于黏度比较大的液体，可以延长液体保质期。桃罐头多采用这种灌装方法（图2-3）。

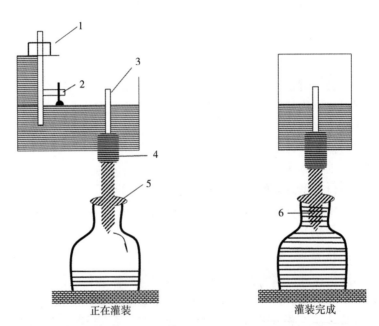

1. 供液口；2. 浮子；3. 排气管；4. 灌装阀；5. 密封材料；6. 灌浆液位。

图2-3　真空灌装法

4. 压力灌装法

这种方法的基本原理是利用气压或者机械压力将液体挤进玻璃瓶内，适用于黏度比较大的稠性液体。利用这种方法，能提高灌装效率，但会稍微影响灌装质量。

近年来随着工业科技的发展，玻璃瓶罐头自动灌装机的设计应运而生。玻璃瓶自动灌装机的基本原理需要根据灌装物本身的性质决定。此外，在设计的基本原理基础上，需要结合待灌装液体的性质，进行阀体结构设计、阀端结构设计、阀门启闭结构设计、阀门密封结构设计，方可提高玻璃瓶自动灌装机的性能和效率水平。

五、杀菌设备

罐头的杀菌可以在装罐前进行，也可以在装罐密封后进行。装罐前进行杀菌，即所谓的无菌装罐，需要将待装罐的食品和容器均进行杀菌处理，然后在无菌的环境下装罐、密封。我国罐头普遍采用装罐密封后杀菌。罐头的杀菌根据各种食品对温度的要求分为常压杀菌（杀菌温度不超过100℃）、高温高压杀菌（杀菌温度高于100℃而低于125℃）和超高温杀菌（杀菌温度在125℃以上）三大类，依具体条件确定杀菌工艺，选用杀菌设备。

（一）静止间歇式杀菌设备

间歇式罐头杀菌设备有多种形式，按杀菌锅安装方式分为立式杀菌锅和卧式杀菌锅，立式杀菌锅又可分为普通立式杀菌锅和无篮立式杀菌锅；卧式杀菌锅分为普通卧式杀菌锅、回转式杀菌锅和喷淋式杀菌锅等。

1. 静止高压杀菌设备

静止高压杀菌是低酸性罐头食品所采用的杀菌方法，根据热源不同又分为高压蒸汽杀菌和高压水浴杀菌。

（1）高压蒸汽杀菌。其主要杀菌设备为静止高压杀菌锅，通常是批量式操作，并以不搅动的立式或卧式密封高压容器进行。这种高压容器一般用厚度6.5 mm以上的钢板制成，其耐压程度至少能达到0.196 MPa。合理的杀菌装置是保证杀菌操作完善的必要条件。对于高压蒸汽杀菌来说，蒸汽供应量应足以使杀菌锅在一定的时间内加热到杀菌温度，并使锅内热分布均匀；空气的排放量应该保证在杀菌锅加热到杀菌温度时能将锅内的空气全部排放干净；在杀菌锅内冷却罐头时，冷却水的供应量应足以使罐头在一定时间内获得均匀而充分的冷却。

（2）高压水浴杀菌。高压水浴杀菌是将罐头投入水中进行加压杀菌。一般低酸性大直径罐、扁形罐和玻璃罐常用此法杀菌，因为用此法较易平衡罐内外压力。可防止罐头的变形、跳盖，从而保证产品质量。高压水浴杀菌的主要设备也是高压杀菌锅，其形式虽相似，但其装置、方法和操作却有所不同。

2. 静止常压杀菌设备

水果等酸性罐头的杀菌多选用静止常压杀菌，最简单最常用的是常压沸水浴杀菌。批量式沸水浴杀菌设备一般采用立式敞口杀菌锅或长方形杀菌车（槽），杀菌操作较为简单，但必须注意实际的沸点温度，并保证在恒温杀菌过程中杀菌温度的恒定。

（二）连续杀菌设备

连续杀菌设备有高压和常压之分，必须配以相应的杀菌设备。常用的连续杀菌设备主要有以下几种。

1. 常压连续杀菌器

罐头一端进、另一端出。常压连续杀菌器常以水为加热介质，多采用沸水，在常压下进行连续杀菌。杀菌时，罐头由输送带传送入连续作用的杀菌器内进行杀菌，杀菌时间通过调节输运带的速度来控制，按杀菌工艺要求达到设定时间后，罐头由输送带送入冷却水区进行冷却，整个杀菌过程连续进行。我国现有的常压连续沸水杀菌器有单层、三层和五层几种。

2. 水封式连续杀菌器

水封式连续杀菌器是一种旋转杀菌和冷却联合进行的装置，可以用于各种罐型的铁罐、玻璃罐以及塑料袋的杀菌。杀菌时，罐头由链式输送带送入，经水封式转动阀门进入杀菌器上部的高压蒸汽杀菌室内，然后在该杀菌室内水平地往复运动，在保持稳定的压力和充满蒸汽的环境中杀菌。杀菌时间可根据要求调整输送带的速度进行控制。杀菌完毕，罐头经分隔板上的转移孔进入杀菌锅底部的冷却水内进行加压冷却，然后再次通过水封式转动阀门送往常压冷却，直至罐温达到40℃左右。

3. 静水压杀菌器

静水压杀菌器是利用水在不同的压力下具有不同沸点而设计的连续高压杀菌器。杀菌时，罐头由传送带携带经过预热水柱进入蒸汽加热室进行加热杀菌，经冷却水柱离开蒸汽室，再接受喷淋冷水进一步冷却。蒸汽加热室内的蒸汽压力和杀菌温度通过预热水柱和冷却水柱的高度来调节。如果水柱高度为15 m，蒸汽加热室内的压力可高达0.147 MPa，温度相当于

126.7℃。杀菌时间根据工艺要求可通过调整传送带的传送速度来调节。静水压杀菌器具有加热温度调节简单、省汽、省水等优点，但存在外形尺寸大、设备投资费用高等不足，故对大量生产热处理条件相同的产品的工厂最为适用。

第三章 桃汁/浆加工技术与产品质量控制

1920年，以果汁饮料生产为标志开始了果蔬汁饮料的工业化进程。1980年，中国的果蔬汁饮料行业逐步发展，当时唯一的果汁饮料便是水果饮料浓浆。自20世纪90年代以来，我国的果蔬汁行业发展迅速，浓缩苹果汁、梨汁的生产量和出口量均居世界首位。至2001年11月，中国饮料工业协会正式加入国际果汁生产商联合会。至此，我国的果蔬饮料行业才真正成熟起来，并进入了健康快速的发展阶段。目前，在国内的果蔬汁市场上，桃汁/浆类产品逐渐崭露头角。制汁/浆加工可以很大程度保留新鲜桃果实的品质，符合现代人膳食习惯以及对营养健康和绿色天然食品的追求。目前，桃果汁/浆在工业上应用广泛，可作为终端快速消费品直接包装出售或出口，也可作为复合食品开发的原料，用于生产果酱、果冻和冰激凌等。

第一节 桃汁/浆加工工艺

一、桃汁/浆加工工艺流程

桃汁/浆加工工艺流程和浓缩桃汁/浆加工工艺流程分别见图3-1、图3-2。

二、桃汁/浆生产加工技术要点

（一）原料选择

选择果实成熟度八成至九成熟、可溶性固形物≥7.0白利度（°Brix）、肉质厚实的优良品种，剔去腐烂、病虫及损伤果，以保证桃汁/浆质量。

（二）清洗

果实必须充分淋洗、洗涤。分选果实，除去部分或全部腐烂果是生产优

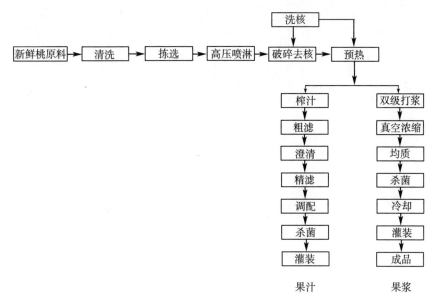

图 3-1 桃汁/浆加工工艺流程

质果汁的重要工序和必要步骤。注意洗涤水的清洁，不用重复的循环水洗涤。

（三）破碎

破碎目的是提高出汁率，提升营养物质溶出率。常用方法为机械破碎、热力破碎、冷冻破碎、超声波破碎、酶法破碎；常用设备包括磨破机、锤式破碎机、挤压式破碎机、打浆机等。果蔬破碎后常采用热烫或抗氧化剂，以减少氧化作用。

（四）杀菌

桃汁的杀菌工艺正确与否，直接影响产品的保藏性。桃汁中可能存在各种微生物（细菌、霉菌和酵母菌），会使产品腐败变质。同时还存在各种酶，使制品的色泽、风味和形态发生变化，杀菌的目的在于杀灭微生物和钝化酶。常见的杀菌方法如下。

1. 热杀菌方式

（1）巴氏杀菌是利用低于100℃的热力杀灭微生物的杀菌方法，可以杀灭导致果汁腐败的微生物和钝化果蔬汁中的酶。果汁 pH 值大于 4.5 或小于 4.5 是决定果汁采用巴氏杀菌工艺或高温杀菌工艺的分界线。常规的低温长时间巴氏杀菌温度多为 75~85℃。

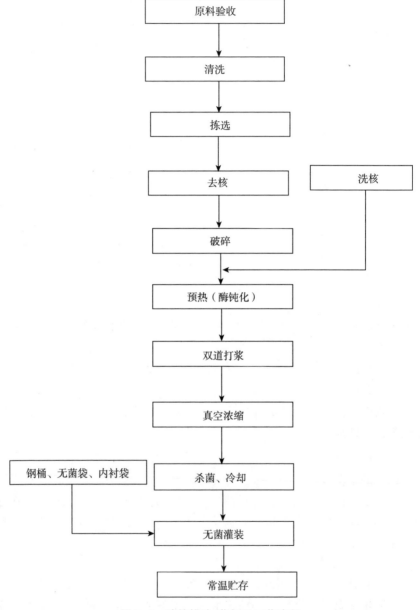

图 3-2 浓缩桃汁/浆加工工艺流程

（2）高温短时巴氏杀菌是在较高温度下用较短的加热时间杀灭食品和容器内的微生物。一般杀菌条件为（93±2）℃保持 15~30 s。

（3）超高温瞬时杀菌是在 120~150℃下保持 3~20 s 的处理方式，其高温可以杀死孢子，使果汁杀菌效果更近于商业无菌，且货架期更长。

2. 非热杀菌方式

（1）超高压杀菌是指在 100~1 000 MPa 的压强条件下处理食品，超高压能通过瞬间卸压或梯度减压等连续式操作使渗透到致病菌体内的水或其他物质膨胀来杀灭微生物，通过作用于食品中酶的非共价键，如离子键、二硫键等，破坏其结构来钝化酶活。超高压在杀灭微生物的同时可以很好地保护食品的品质。

（2）高压脉冲电场杀菌使通过电极产生的瞬时高压脉冲电场作用于食品，使微生物的细胞膜破裂或穿孔起到对食品的灭菌作用，同时它也是最近几年食品非热力杀菌处理研究领域的热点。

近年来，消费者对桃汁/浆产品的要求朝着绿色、健康、营养和安全的方向发展，相比较热杀菌技术，非热杀菌的整体效果，如对原料营养成分、色泽等品质的保持等方面均优于热杀菌技术，但是其工作的连续性和安全性是技术发展的瓶颈。

（五）均质

均质也称为匀浆，是使悬浮液（或乳化液）体系中的分散物微粒化、均匀化的处理过程，这种处理具有降低分散物尺度和提高分散物分布均匀性的作用。在桃汁/浆加工过程中多采用均质机处理使悬浮颗粒破碎细化，降低体系中颗粒的平均粒径和分散性，进而可以改善产品感官。传统均质技术的压力一般为 20~60 MPa。一般将 60 MPa 以上的均质技术称为高压均质，高压均质可以有效地降低热加工过程中热效应对食品的影响，提高产品的"新鲜度"，特别适合流体食品的连续加工。

（六）灌装

灌装通常采用高温热灌装和无菌灌冷装两种方法，由于诸多条件限制，国内企业普遍采用的是前者。

1. 热灌装

热灌装要求果汁/浆经 UHT 瞬时超高温灭菌后保持在 85~95℃的一个定值，且在很短的时间内灌装结束，属高温灌装。果汁灌装要求满口灌装，即一直灌到瓶子满口，这样使瓶子内残留空气极少，能确保饮料自身不易被氧化，从而能使饮料长期保持品质。由于热灌装要具备高温灌装、满口灌装的功能，这要求配有自动循环系统，便于低温物料循环加热及CIP循环清洗。

2. 无菌冷灌装

无菌冷灌装是指在无菌条件下对产品进行冷（常温）灌装，这是相对于通常采用的在一般条件下进行的高温热灌装方式而言的。在无菌条件下灌装时，设备上可能会引起产品发生微生物污染的部位均保持无菌状态，所以不必在产品内添加防腐剂，也不必在产品灌装封口后再进行后期杀菌，就可以满足长货架期的要求，同时可保持产品的口感、色泽和风味。无菌冷灌装技术的关键是保证灌装封口后的产品内微生物控制在允许范围内（即商业无菌），为了保证无菌冷灌装的成功，生产线必须满足以下基本要求，一是产品经过超高温瞬时杀菌达到无菌状态；二是包装材料和密封容器要无菌；三是灌装设备达到无菌状态；四是灌装要在无菌环境下进行。冷冻浓缩桃汁和 NFC 桃汁等产品可采用无菌冷灌装方式进行。

第二节　桃汁/浆质量要求及标准

桃汁/浆生产加工需符合中华人民共和国国家标准 GB/T 31121—2014《果蔬汁类及其饮料》中的相关规定。

一、桃汁及其饮料分类

（一）桃汁/浆

以桃为原料，采用物理方法（机械方法、水浸提等）制成的可发酵但未发酵的汁液、浆液制品；或在浓缩桃汁/浆中加入其加工过程中除去的等量水分复原制成的汁液、浆液制品。可使用糖（包括食糖和淀粉糖）或酸味剂或食盐调整桃汁/浆的口感，但不得同时使用糖（包括食糖和淀粉糖）和酸味剂，调整桃汁/浆的口感。可添加通过物理方法从桃中获得的纤维和果粒。只回添通过物理方法从桃中获得的香气物质和挥发性风味成分，以及（或）通过物理方法从桃中获得的纤维、果粒，不添加其他物质的产品可声称 100%。

1. 原榨桃汁（非复原桃汁）

以桃为原料，采用机械方法直接制成的可发酵但未发酵的、未经浓缩的汁液制品。采用非热处理方式加工或巴氏杀菌制成的原榨桃汁（非复原桃汁）可称为鲜榨果汁。

2. 桃汁（复原桃汁）

在浓缩果汁中加入其加工过程中除去的等量的水分复原而成的制品。

3. 桃浆

以桃为原料，采用物理方法制成的可发酵但未发酵的浆液制品，或在浓缩桃浆中加入其加工过程中除去的等量水分复原而成的制品。

（二）浓缩桃汁/浆

以桃为原料，从采用物理方法制取的桃汁/浆中除去一定量的水分制成的、加入其加工过程中除去的等量水分复原后具有桃汁/浆应有的特征的制品。可回添香气物质和挥发性风味物质，但这些物质或成分的获取方法必须采用物理方法，且只能来源于桃。可添加通过物理方法从桃中获得的纤维和果粒。

（三）桃汁/浆类饮料

以桃汁/浆、浓缩桃汁/浆、水为原料，添加或不添加其他食品原辅料和（或）食品添加剂，经加工制成的制品。可添加通过物理方法从桃中获得的纤维、果粒。

1. 桃汁饮料

以桃汁/浆、浓缩桃汁/浆、水为原料，添加或不添加其他食品原辅料和（或）食品添加剂，经加工制成的制品。

2. 桃肉/浆饮料

以桃浆、浓缩桃浆、水为原料，添加或不添加桃汁、浓缩桃汁、其他食品原料和（或）食品添加剂，经加工制成的制品。

3. 桃汁饮料浓浆

以桃汁/浆、浓缩桃汁/浆中的一种或几种、水为原料，添加或不添加其他食品原辅料和（或）食品添加剂，经加工制成，按一定比例用水稀释后方可饮用的制品。

4. 发酵桃汁饮料

以桃汁/浆或浓缩桃汁/浆经发酵后制成的汁液、水为原料，添加或不添加其他食品原辅料和（或）食品添加剂的制品。

5. 桃饮料

以桃汁/浆、浓缩桃汁/浆、水为原料，添加或不添加其他食品原辅料（或）食品添加剂，经加工制成的桃汁含量较低的制品。

二、桃汁/浆产品质量要求

（一）原辅料要求

桃原料应新鲜、完好，并符合相关法规和国家标准，可使用物理方法保藏的，或采用国家标准及有关法规允许的适当方法（包括采后表面处理方法）维持完好状态的桃或干制桃。

（二）桃汁/浆产品感官要求

桃汁/浆产品的感官要求应符合表 3-1 的相关规定。

表 3-1　桃汁/浆产品感官要求

项目	要求
色泽	具有与桃滋味和气味相符的色泽
滋味和气味	具有桃应有的口味和气味，酸甜适口，无其他异味
组织状态	无外来杂质

（三）桃汁/浆产品理化要求

桃汁/浆产品的理化要求应符合表 3-2 的相关规定。

表 3-2　桃汁/浆产品理化品质要求

产品类别	项目	指标或要求	备注
桃汁（浆）	桃汁（浆）含量（质量分数）/%	100	至少符合一项要求
	可溶性固形物含量/%	油桃：≥10.5 桃：≥9.0	
浓缩桃汁（浆）	可溶性固形物的含量与桃汁（浆）的可溶性固形物含量之比	≥2	—

（续表）

产品类别	项目	指标或要求	备注
桃汁饮料 复合桃汁（浆）饮料	桃汁（浆）含量（质量分数）/%	≥10	—
桃肉（浆）饮料	桃浆含量（质量分数）/%	≥20	—
桃饮料浓浆	桃汁（浆）含量（质量分数）/%	≥10（按标签标识的 稀释倍数稀释后）	—

（四）桃汁/浆产品卫生要求

桃汁/浆产品的卫生要求应符合表 3-3 的相关规定。

表 3-3　桃汁/浆产品卫生指标要求

项目	采样方案及限量 （若非指定，采样量均以 25 g 或 25 mL 表示）				检验方法
	n	c	m	M	
菌落总数/（CFU/g）	5	2	10^2	10^4	GB 4789.2
大肠菌群/（CFU/g）	5	2	1	10	GB 4789.3
霉菌/（CFU/g）	≤20				GB 4789.15
酵母/（CFU/g）	≤20				GB 4789.15

注：n 为同一批次产品应采集的样本件数；c 为最大可允许超出 m 值的样品数；m 为致病菌指标可接受水平的限量值；M 为致病菌指标的最高安全限量值。此外，桃汁/浆中展青霉素限量为 50 μg/kg。

第三节　桃汁/浆加工设备

一、破碎设备

原料破碎的程度直接影响出汁率，需要根据原料种类、取汁方式、设备、汁液的性质和要求选择合适的破碎度。对于肉厚且致密的桃果实，可选用锤碎机、辊式破碎机；生产带果肉的桃汁可选择磨碎机，可以用磨碎机将桃果实磨成浆状，并将果核、果皮除掉。果实在破碎时常喷入适量的氯化钠及维生素 C 配成的抗氧化剂，防止或减少氧化作用的发生，以保持桃汁的色泽和营养。

（一）锤式破碎机

锤式破碎机主要受高速运动的锤子的打击、冲击、剪切、研磨作用而进行破碎。锤片末端和筛底之间的间隙，是影响破碎机产量和破碎粒度的重要参数之一。破碎粒度对果汁提取率有较大影响，破碎粒度过大或过小均不利于果汁提取。筛底的形状、筛孔孔径和孔间距对破碎机的工作性能有很大影响。因此，需要提前通过试验，确定适宜制备桃汁的最佳破碎机筛底孔径。

（二）挤压式破碎机

挤压式破碎机主要借助机械挤压物料的方式实现破碎的目的。它适合破碎硬度和磨蚀指数比较高的原料，挤压式破碎机包括颚破、圆锥破、旋回破和对辊破。颚破（颚式破碎机）优点为结构简单、工作可靠、尺寸小、自重较轻、配置高度低、进料口大、排料口可调、价格低；但缺点为衬板磨损快、产品粒形不好、针片状较多、产量低、需强制给料。圆锥破（圆锥破碎机）优点为破碎腔深度大、环保程度高、易于启动、工作连续平稳、单位电耗低；缺点为机身高、重量大、价格昂贵、结构复杂、维修维护要求高。旋回破（旋回式破碎机）优点为单机处理量大、单位能耗低、产品粒形好、大中型机可连续给料、无须给料机；缺点为结构复杂、尺寸大、机体高大、维修难、价格高、进料尺寸小。对辊破（对辊破碎机）优点为体积小、噪声低、结构简单、维修方便、被破碎物料粒度均匀、过粉碎率低、过载保护灵敏、安全可靠；缺点为破碎比小、辊子外表面易磨损、磨损后造成两辊之间的间隙加大，进而不能达到出料粒度要求。

二、制汁/浆设备

（一）打浆机

打浆机组是由两个或三个打浆机组成，所以又称为两级或三级打浆机，其基本工作原理为：物料进入筛筒后，由于棍棒的回转作用和导程角的存在，使物料沿着圆筒向出口端移动，轨迹为一条螺旋线，物料在刮板和筛筒之间的移动过程中受离心力作用而被擦破。汁液和肉质（已成浆状），从筛孔中通过收集器送到下一工序，皮和籽从圆筒另一开口端排出，达到分离效果。打浆机主要由进料斗、破碎浆叶、筛筒、打板和机壳组成。破碎浆叶安装在物料的进口处，与打板同轴，用于预破碎。工作时，桃果是由喂入口送入，首先被破碎浆叶初步破碎，然后在打板的打击下进一步破碎并沿轴向移动，在筛筒内壁表面附近，由打板直接推动，一边在沿筛筒内壁表面移动的过程中被孔刃破碎，一边沿筛筒轴线方向迁移，合格的物料通过筛孔，尺寸较大的物料或从筛筒尾端出口排除，或排除后进入下一级继续打浆。

（二）锥盘式压榨机

该机是利用两个相对同向旋转的锥形圆盘在旋转中逐渐减少间隙以挤压浆料（图 3-3）。

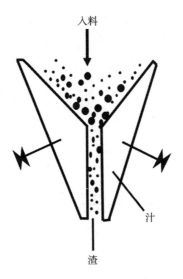

图 3-3 锥盘式压榨机剖面示意

（三）带式榨汁机

属于连续式榨汁机，主要由上、下两条多孔滤带、转筒和许多压辊组成，转筒和压辊表面有橡胶并带有孔。破碎后的桃均匀地铺放在两条滤带之间，当两条滤带绕过转筒时，物料受到的压力逐渐增加，榨出的果汁通过带孔和转筒上的孔流至下面的集液盘内。这种榨汁机的带子每次工作循环一次后，必须将带子彻底清洗干净，将压入带面和带孔内的果渣清洗出来，否则，带子再次进入榨汁工作区时，果汁不能透过带孔，带上的物料会被挤向两侧，甚至排出机外，不能正常工作。清洗带子时，用 3.5 MPa左右的高压水从带下向上冲洗带孔。生产中，应避免带子安装不当，造成两压榨带跑偏现象。该机的优点为逐渐升高的表面压力可使汁液连续榨出，出汁率高，清洗方便。但是压榨过程中汁液全部与大气接触，所以对车间环境要求较严（图3-4）。

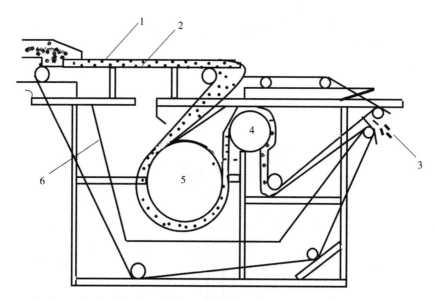

1. 果浆；2. 上、下传动带；3. 果渣；4. 第二道压辊；5. 第一道压辊；6. 汁液收集槽。

图 3-4　带式榨汁机

三、均质设备

（一）胶体磨

胶体磨是由不锈钢、半不锈钢胶体磨组成，其原理是由电动机通过皮带传动带动转齿（或称为转子）与相配的定齿（或称为定子）作相对的高速旋转，其中一个高速旋转，另一个静止，被加工物料通过本身的重量或外部压力（可由泵产生）加压产生向下的螺旋冲击力，透过定、转齿之间的间隙（间隙可调）时受到强大的剪切力、摩擦力、高频振动、高速旋涡等物理作用，使物料被有效地乳化、分散、均质和粉碎，达到物料超细粉碎及乳化的效果（图3-5）。

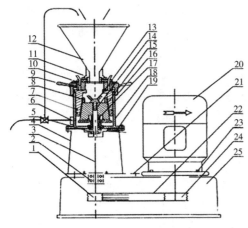

1. 从动带轮；2. 轴承；3. 主轴；4. 机座；5. 轴承；6. 出料法兰；7. 冷却水接头；8. 进料盖板；9. 手柄；10. 轴承；11. 限位螺母；12. 加料斗；13. R型用盖板；14. 动磨片；15. 静磨片；16. 刻度圈；17. 机械密封；18. 壳体；19. 冲洗机；20. 电动机；21. 调节螺钉；22. 皮带；23. 电机座；24. 主机带轮；25. 底座。

图 3-5　胶体磨示意

（二）均质机

均质是将桃汁过均质设备，使桃汁中所含悬浮粒子进一步破碎，使粒子大小均一，促进果胶的渗出，使果胶和桃汁亲和，均匀而稳定地分散于桃汁中，保持桃汁的均匀浑浊度。通过均质，能使不同粒子的悬浮液均质化，获得不易分离和沉淀的桃汁。均质的设备有高压式、回转式和超声波式等。我国常用的是高压力均质机，压力达到 $9.8 \sim 18.6$ MPa。操作时，主要是通过一个均质阀的作用，使加高压的桃汁从极端狭小间隙中通过，然后由于急速降低压力产生膨胀和冲击作用，使粒子微细化并均匀地分散在桃汁中。

1. 高压式均质机

高压式均质机一般采用三柱塞往复泵，它从结构上可分为两个大部分：使料液产生高压能量的高压泵和产生均质效应的均质阀头。折叠高压均质机采用柱塞水平运动结构，与柱塞垂直（上下）运动的实验机相比，其柱塞处可喷淋冷却水，从而延长柱塞密封圈的寿命。物料泄漏后不会进入油箱，不会污染外部工作环境。传动箱部分的润滑油能够使连杆、十字头等得到有效的滑润，再没有传统型设备每次开机前均需加润滑脂的麻烦工作。立方体型的整体造型，不锈钢外罩，美观并且操作方便。工作时只需 1 L 料就能够启动设备工作。

2. 折叠全自动均质机

折叠全自动均质机可以实行远程控制：该均质机附有一个电气控制柜，用于接收前道工序的信号并控制均质机运行，以及均质机压力的升降。有冷却水保护装置，当冷却水管断水时，设备会马上停下来，起到保护作用。预先设置好一、二级均质所需的压力，启动设备后自动升高到设置好的压力。电控柜上有紧急停止按钮，用在发生紧急状况时人工紧急停机。安全避免操作人员误操作，很大程度上提高了设备的使用率。

四、灭菌设备

灭菌的目的是杀灭桃汁/浆中的致病菌、产毒菌、腐败菌，并破坏桃汁/浆中的酶，使桃汁/浆在储藏期间不变质。目前桃汁/浆生产大部分是热杀菌方法。桃汁杀菌常用的方法有高温瞬时杀菌、超高温瞬时杀菌和巴氏杀菌。桃汁/浆杀菌和灌装的顺序，可加热杀菌后灌装，也可灌装后再加热杀菌。不论采用哪种方法，桃汁/浆经加热杀菌、灌装后，要及时冷却至 40℃以下，以防各种营养成分被破坏。

（一）热杀菌

1. 超高温瞬时灭菌机

该设备既能保证杀菌完全彻底，又能保护营养成分。机组主要由高温杀菌室、双套预热盘管、冷却降温盘管、进料泵等组成。工作时料液由进料泵送入双套预热盘管内而得到预热，之后通过高温桶内的高温盘管，由于桶内充满压力蒸汽，管内料液被迅速加热，使其保持 3 s 以上即达灭菌目的。热料出高温桶后，再通过双套盘管与冷料进行热交换得到冷却，出料温度便下降，一般低于 65℃。

2. 列管式热交换器

列管式热交换器是目前加工使用较多的一种。其优点是易于制造，成本低，起中间支架作用以防止管子弯曲或振动，同时使加热介质较均匀地通过各个管束，以提高管束的热传效率；配置折流板时可使加热介质按要求路线曲折流动。列管式热交换器有单程和多程式之分。桃汁杀菌多采用多程式。自动化设备中杀菌温度、时间等都采用自动控制阀门调节。

（二）非热杀菌

非热杀菌主要包括物理杀菌和化学杀菌。物理杀菌常用的方法有辐照杀菌、紫外线杀菌、超高压杀菌等。物理杀菌的主要优点是杀菌效果好，对果汁污染小，易于控制和操作，但杀菌成本较高。化学杀菌主要是指在加工中通过添加抑菌剂和防腐剂，如臭氧、二氧化氯和乳酸链球菌（nisin）等，达到抑菌或杀菌的目的。化学杀菌法易于操作控制，杀菌效果较好，成本较低，但是受环境因素影响较大，作用效果不稳定。

1. 膜除菌

膜除菌包括微滤除菌和超滤除菌。利用膜孔隙的选择透过性进行两相分离的技术。以膜两侧的压力差为推动力，使溶剂、无机离子、小分子等透过膜，而截留微粒及大分子。微滤采用的是无机膜（陶瓷膜或金属膜），超滤采用有机膜。

2. 超高压杀菌

超高压杀菌是指将包装好的食品物料放入液体介质中，在 100~1 000 MPa 压力下处理一段时间使之达到灭菌要求。其基本原理是利用压力破坏微生物膜、抑制酶的活性和影响遗传物质的复制，进而实现对微生物的致死作用。目前，由于超高压杀菌设备对材料和结构的高要求，以及只能用于软包装材料，限制了超高压杀菌技术及设备在桃汁/浆加工中的大规模推广应用。

3. 臭氧杀菌

臭氧是一种新型、高效、广谱的杀菌剂。臭氧的灭菌机理主要是先破坏细菌细胞膜中具有各种重要机能的蛋白酶，与构成细胞膜的脂类双链反应，进而侵入细胞，迅速破坏蛋白质、基因等的酶类。臭氧具有杀菌力强、作用时间短、杀菌彻底、无残留等特点。臭氧杀菌多应用于桃汁/浆加工前的原料清洗环节。

五、灌装设备

（一）热灌装设备

1. 常压灌装机

常压灌装机主要由罐装系统、进出瓶机构、升降瓶机构、工作台、传动系统等组成。在传动系统作用下，转轴带动转盘和定量杯一同回转，液料从注液筒经管道靠自重流入定量杯内；在凸轮作用下使瓶托带动瓶子上升。当瓶口顶着压盖盘上升时弹簧压缩，此时轮阀就在活动量杯的内孔向上滑动。随着转轴回转，已定好量的量杯已转离注液筒下方，进入灌装位置。当滑阀上升使进液孔打开时液料便流入瓶内，瓶内气体从压盖盘下表面的小槽排除，完成一个瓶子的灌装任务。随着转盘转动，如此反复，连续不断地工作。这种设备定量准确、结构简单，广泛应用于中小型生产企业。

2. 负压灌装机

负压灌装机又称为真空式灌装机，是使注液箱内处于常压，在灌装时只对瓶内抽气使之形成真空，到一定真空度时，液体靠注液箱与容器间的压差作用流入瓶中，完成灌装。负压灌装法对瓶子规格要求严格，但调整容易，仍被广泛应用（图3-6）。

（二）无菌灌装设备（图3-7）

1. 小包装无菌灌装设备

目前世界上使用最广泛的小包装无菌灌装设备产自瑞典利乐公司（Tetra Pak）。在灌装机上可一次完成包装材料的成型、杀菌、灌装、封口和切断等工序。这种包装材料成卷装出售，使用时，整卷的包装材料装在机器上，纸带通过一系列的辊轮到达机械的顶部，采用过氧化氢（H_2O_2）对包装材料与内容物的接触面表面喷淋或浸渍杀菌后，形成筒状，此时清洁的热空气喷入筒内将 H_2O_2 吹干，然后沿纸筒纵向将纸筒热封。果汁通过浮动的不锈钢管进入筒内，此进料管位于纸筒的中心部分。果汁灌装至一定的水平位置后，在果汁液面下的水平位置将包装容器热封，使容器内充满果汁，不留空隙。最后，在两水平密封缝隙之间将纸切断，形成一个长方体包装产品。

2. 大包装无菌灌装设备

目前，商业上大包装无菌灌装使用的容器主要是铝塑复合无菌袋，容量一般在10~1 000 L。我国桃汁加工行业常用的无菌袋分别是 220 L 和 1 000 L，其中 220 L 无菌袋是放在 208 L 的铁筒内（bag in drum）；1 000 L 无菌袋是放在特制的木箱内（bag in box），也称为"吨箱包装"。浓缩桃汁由螺杆泵送至平衡罐，其中螺杆泵可以保证输送过程中桃汁中不再进入气体。平衡罐用于控制杀菌剂的生产速度，随后送入高温瞬时杀菌机。经过杀菌后的桃汁通过密封的管路送至无菌自动灌装机。

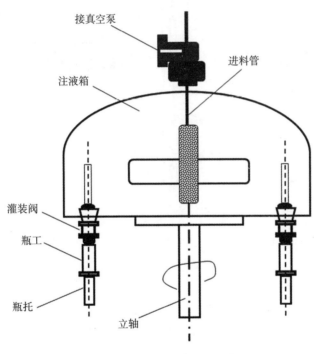

图 3-6　真空灌装机示意

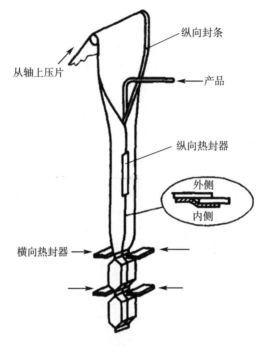

纵向封条

从轴上压片

产品

纵向热封器

外侧

内侧

横向热封器

图 3-7　无菌灌装示意

第四章　桃干加工技术与产品质量控制

　　干制是桃加工产业的重要途径之一，也是延伸桃加工产业链的重要趋势。干燥加工是干制品生产的重要手段，不仅能延长桃果实的贮藏期，还能使其质量减轻、体积缩小，节省包装、储藏和运输费用，便于携带，供应方便。我国桃干制历史悠久，干制技术种类繁多。其中果脯制作与使用最早的记载可上溯至三国时代，将鲜果浸入蜂蜜以防腐、保鲜、增添甜味，蜜渍过的鲜果可视为果脯最早的雏形。明清时期，宫廷御膳房的厨师们将水果分类浸泡在蜂蜜中，并逐步加入煮制、干燥等工艺，经过不断改良与提升，制成了果味浓郁、酸甜适中的特色美食。随着干燥加工技术的发展，脱水桃脆片等新型产品不断涌现，干燥加工技术从自然干燥到传统干燥到新型干燥再到联合干燥，不断发展进步。自然干燥技术是指利用自然条件使果品脱水干燥，常用晒干和阴干两种方式；现阶段正在使用和研发的新型干燥技术有真空冷冻干燥、压差闪蒸联合干燥、热泵干燥、真空油炸脱水干燥等。我国桃干制品（桃果脯等蜜饯、脱水桃脆片）生产呈现加工企业高度集中、加工技术创新发展的良好态势，但依然存在加工能耗高、批次产品感官品质一致性差等问题。

第一节　桃果脯加工技术与产品质量控制

一、桃果脯加工工艺流程（图4-1）

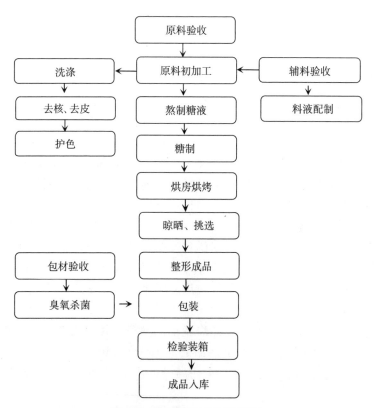

图 4-1　桃果脯加工工艺流程

二、桃果脯生产技术要点

（一）原料选择

选择用于加工桃脯的品种，最好使用白肉桃和黄肉桃，如大叶白和黄桃等。在桃由青转白或由青转黄时，组织坚实是最好的加工时期。加工时需经过认真的分选，剔除病果、虫果、腐烂果、雹伤、风蔫、胶眼、破伤和过青及过熟果。

（二）原料初加工

1. 洗涤

挑选出的桃果，要认真清洗。因桃子的表面有茸毛，所以在洗涤时应先在水中放入 0.5% 的明矾帮助脱毛。桃果要被水淹没，不时用木棒搅动，使果皮茸毛脱净，并去除污物，但注意不要碰伤桃果。洗完后，再用清水漂洗 1 次、再次沥干水分。

2. 去核

生产厂家可用去核机切开桃果，去除桃核。若采用手工操作，可用不锈钢刀沿合缝划一周，深度至核部。对于离核品种，可拧掉上一半桃果，挖出存留下半部的果核；对于非离核的品种，可用刀自合缝处将桃果劈开两半挖出桃核。有的产品要求只去仁，不去仁壳，劈开后去掉仁不抱核壳即可。

3. 去皮

加工桃脯，一般不主张去皮。带皮加工一方面比较耐煮，另一方面能增加产品的原果风味，如需去皮时，最好采用热烫去皮。将桃果用蒸汽和热水处理片刻，即可手工剥皮；如桃果皮厚，成熟度较小，用热烫去皮效果不好时，可采用火碱去皮法。一般可将碱液浓度配制成 3%~5%，煮沸后，把桃果放入空格较大但漏不掉桃果的竹筐内，然后连竹筐带桃果一起放入煮沸的碱液中晃动竹筐，数十秒钟即可离皮。去皮后用 0.1%~0.2% 的盐酸溶液中和残余碱量。然后将桃子用清水冲洗干净，放入护色液中。桃果的去皮，可采用整果去皮法，也可采用劈开两半去皮的方法。可根据具体情况采纳。

4. 护色

桃果经去皮去核后，需进行护色处理，根据其大小的不同，放入浓度为 0.5% 的盐水中清洗半分钟至两分钟不等。目的是为了保持桃果的色泽，去掉在初加工过程中切分水果时形成的铁氧化物，保持桃果原色。或者将果品核窝向上摆放在竹盘上，送进熏硫室。硫黄用量为果重的0.3%，熏 4~6 h。

（三）糖制

1. 糖渍

先配制浓度为 35%~40% 的糖液，加入适量的柠檬酸，促进部分蔗糖转化，煮沸后，放于缸中。把处理好的桃果浸入糖液内，以糖液淹没桃果为度，糖渍 24 h。

2. 糖煮

将糖渍的桃果捞出，把糖液放入锅中加热，将糖液浓度煮沸到 55%，把糖渍的桃果放入锅中，在加热过程中，用不锈钢大铲沿锅边轻轻将上面的桃碗压下，使锅底的桃果和中部的桃果随沸起的糖液上浮，起到搅拌的作用。等糖液沸腾激烈时，要进行压火或减气，煮 15 min 之后，取桃果重 20% 的白砂糖，分 3 次在糖液沸腾时加入。同时加入浓度为 60% 的、桃果重量为 2%~4% 的冷糖液，继续煮约 10 min，待桃果有透明感时，加入浓度为 60%、桃果重量为 15% 的冷糖液后即可出锅。前后煮制时间约为 1 h。出锅时，先把桃果捞入缸中，再放入一部分煮制的糖液，浸泡 24 h。

（四）烘烤

把浸泡的桃果捞起，使果心向下沥净糖液。然后将桃果的果心向上摆在烤盘上，送进烤房。在 60~65℃ 的温度中烘烤 10~15 h。从烤房中取出烤盘，待桃果冷却后进行整形。用手捏成扁圆片，并把皱褶较严重之处拉平。然后再摆入烤盘送进烤房，在 65~70℃ 的温度中，烘烤至含水量在 18% 左右，用手摸不粘手时出房。烘烤总时间需 20~25 h。烘烤中注意通风排潮和倒换烤盘的位置，具体操作如下。

1. 烘烤

将糖制好的果块沥干糖液后，使果心朝上，摆入烘烤盘中放到烘烤车上推入烤房，迅速升温到 60℃ 左右，6 h 后升温到 70℃，烘烤结束前 6 h 再降温到 60℃，一般烘烤 20 h 左右即可停止。

2. 通风和排潮

烘烤中间要注意通风排潮。通风和排潮的方法和时间，可根据烘房内相对湿度的高低和外界风力的大小来决定，当烘房内相对湿度高出了 70% 时，就应进行通风排潮。如室内湿度很高，外界风力小，可将进气窗及排潮筒全部打开；如室内湿度较高，外界风力大时，可将进气窗和排潮筒交替打开。一般通风排潮次数为 3~5 次，每次通风排潮时间以 15 min 左右为宜。通风排潮时，如无仪表指示可凭经验进行。根据经验，当人进入烘房时，如感到空气潮湿闷热，脸部感到有潮气，呼吸窘迫时，即应进行通风排潮；当烘房内空气干燥，面部不感到潮湿，呼吸顺畅时，即可停止排潮，继续干燥。

3. 倒盘和整形

因烘房内各处的温度并不一致，特别是使用烟道加热的烘房中，上部与下部、前部和后部温度相差较多。所以在烘烤中，除了注意通风排潮外，还要注意调换烘盘位置及翻动盘内果块。倒换的时间和次数视产品干燥的情况而定，一般在烘烤过程中倒盘 1~2 次，可在烘烤的中前期和中后期进行。倒换的方法，一般是把烘架最下部的两层和中间的进行互换位置；把靠火源近的和靠火源远的烘盘互换位置。在第二次倒盘时，对产品要进行整形，将其压成或捏成扁圆形，然后再送入烘房继续烘烤。当烘烤到产品含水量在 18%左右，用手摸产品表面已不粘手时即可出房。

（五）检验包装

烘烤好的产品，经回潮后，要进行修整。剔除各种杂质、硬斑、虫蛀、煮烂和发黑色的桃果。修整好的产品，经检验合格后进行成品包装。一般的包装方法采用内衬牛皮纸，再垫蜡纸，以防止成品受潮、风干或黏箱。传统的包装方法多采用硬纸盒包装，内衬蜡纸或玻璃纸，硬盒外印有鲜艳美观的图案、广告或商标。最后，将包装好的桃脯装在箱中存入仓库。

三、桃果脯产品质量要求/标准

桃果脯可定义为桃糖渍、干燥等工艺制成的略有透明感、表面无糖霜析出的制品。桃果脯产品生产加工需符合 GB/T 10782—2006《蜜饯通则》、GB 14884—2016《食品安全国家标准　蜜饯》以及 GH/T 1148—2017《桃脯》的相关规定与要求。

（一）原料要求

采用的原辅材料以及食品添加剂应符合相应的食品标准和有关规定，不应使用腐烂变质的果实原料。

（二）桃果脯产品的感官要求和理化要求

桃果脯产品的感官和理化品质应符合表 4-1 的规定。

表 4-1　感官指标和理化指标

	项目	要求
感官要求	色泽	色泽基本一致，呈浅黄色或橙黄色略带绿色
	滋味和口感	具有桃子原果风味，酸甜适口，无异味
	组织形态	块形完整，组织细腻，饱满，有透明感，在规定存放的条件下和时间内不返砂、不流糖、不干瘪
	外来杂质	无正常视力可见外来杂质
理化指标	总糖（以葡萄糖计）	60%～70%
	水分	16%～20%

（三）桃果脯产品的卫生要求

（1）污染物限量应符合 GB 2762—2017 的规定。

（2）真菌毒素限量应符合 GB 2761—2017 的规定。

（3）致病菌应符合 GB 29921—2013 的规定。

（4）微生物限量应符合 GB 14884—2016 的规定。

（四）桃果脯产品中食品添加剂使用要求

食品添加剂的使用应符合 GB 2760—2014 的规定。

四、桃果脯加工设备

（一）浸渍设备

1. 真空连续浸渍设备

在传统工艺的浸糖过程中，由于果品组织内部存在的空气阻碍了糖液的扩散，糖液的浸透非常缓慢，而利用抽真空可使果肉内的微孔及植物细胞间隙的空气和部分水分被抽吸排出，恢复到常压时，高浓度糖液在压力差及重力的作用下快速渗入果肉原先被空气占据的空间，从而提高渗糖效率。

果脯生产用连续浸渍设备是基于原轻工业部科技局的科研生产任务，于 1988 年通过鉴定，目前在果脯生产中具有一定的应用。设备主要由浸渍釜及糖液循环加热系统、糖液制备系统、真空系统和控制系统组成（图 4-2）。其中，浸渍釜包括浸渍锅、糖液喷淋器、浸渍支架及托盘、糖液回收过滤器、汽液分离器等；糖液循环加热系统包括板式换热器、螺杆泵；糖液制备系统包括搅拌式溶糖锅、糖液高位槽热水循环泵、汽水混合器等；真空系统包括水力喷射器、多级水泵。主要工作原理可以描述为，装置运用真空抽气使浸渍锅内达到 0.08 MPa 以上的真空度，果肉组织中的水分与气体在真空条件下易于排除，有利于糖液渗透到果肉组织中。在螺杆泵作用下糖液不断循环，流经板式换热器加热到 40~90℃再送到浸渍锅中喷洒。果品经过具有一定浓度、温度糖液的扩散和渗透，最终使果品的糖度达到规定要求。

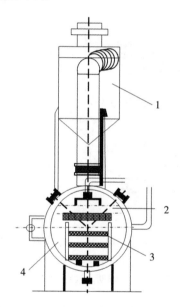

1. 气液分离器；2. 糖液喷淋器；3. 浸渍支架及托盘；4. 浸渍锅。

图 4-2　真空浸渍工作原理示意

2. 真空辅助浸渍设备

真空辅助浸渍装置的提法是为了区别真空连续浸渍装置，真空连续浸渍装置服务于整个浸渍过程，设备结构相对复杂；真空辅助浸渍装置的使用过程只是针对浸渍过程的一部分，与前期常压浸渍，前处理工艺紧密配合，整个浸渍过程可以充分保证产品的质量，日处理量比较大，符合大生产的经济要求。

真空辅助浸渍设备主要由真空罐、吊篮、真空系统及操作系统组成

（图4-3）。其中真空罐采用立式结构，上部分为罐盖，下部分为罐体。主要以吊篮尺寸设计罐体的大小。罐体中上部开视镜，便于观察罐内中部以下糖液的液面情况。罐体底部设一排液口，排液口加滤网，滤网设计在罐内，便于清洗及安装。每台设备的排液口安装一个阀门及泵的快接接口，既可直接排液又可用泵抽液。罐盖设一个手动卸压阀，便于人为控制抽真空的间隔时间和次数。采用螺杆加杠杆的原理设计罐盖的开启。罐内真空度在 0~0.12 MPa 范围内即可满足要求。真空及操作系统包括真空泵、电接点压力表、手动、电动两用启盖装置，配电箱及其他附件。

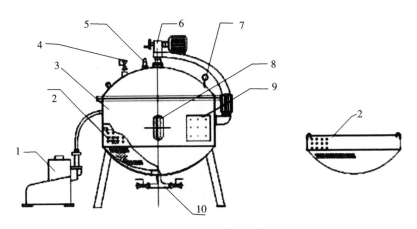

1. 真空泵；2. 吊篮；3. 真空罐；4. 浸液阀；5. 手动卸压阀；6. 手动、电动两用启盖装置；
7. 电接点压力表；8. 视镜；9. 配电箱及其他附件；10. 阀门及泵的快接接口。

图4-3　真空辅助浸渍装置总体结构

主要工作原理及过程可以描述为，用吊篮装经过常压浸渍一段时间的果脯原料，吊入盛有一定量糖液的真空罐内，关闭真空罐，开启真空泵抽真空，当真空罐内真空度在 0.06 MPa 以上时，果脯微孔内的空气及部分水分先被抽吸，高浓度浸渍液在渗透压及重力作用下向果脯微孔渗透，经过一段时间的浸渍，果脯的糖度达到工艺要求后，再开启真空罐，把果脯吊出，进入烘干工序。

（二）烘干设备

1. 热泵烘干机

热泵是一种将中低温热能转化为大量中高温热能的装置，其特点是用少量高品位能源制取中大量高温热能。热泵的主要部件由压缩机、冷凝器、节流装置、蒸发器和热泵工质组成。在果脯制备的烘干过程中，空气源压缩式热泵干燥技术较为常用。该技术以空气作为低温热源，具有节约能源、产品质量高和干燥条件可调节范围宽等优点。设备主要由蒸发器、压缩机、冷凝器、节流部件、循环风机和干燥室等组成，利用逆卡诺循环原理，消耗少量的电能驱动热泵压缩机，通过热泵流动工质在蒸发器、压缩机、冷凝器和节流部件等部件中的气液两相的热力循环过程收集空气中的低温热量，将其制成高品质热量，实现原料干燥（图4-4）。

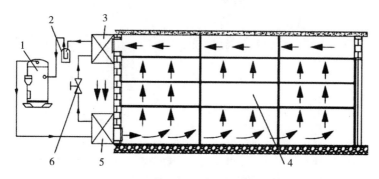

1. 压缩机；2. 气液分离器；3. 蒸发器；4. 干燥室；5. 冷凝器；6. 膨胀阀。

图4-4　封闭式空气源压缩式热泵干燥装置

此外，还有太阳能辅助热泵干燥装置，也可以用于桃果脯生产加工。该装置是由太阳能干燥装置和热泵装置作为干燥机热源的一种干燥装置。其中太阳能干燥装置主要指太阳能集热器，部分系统中加入了储热罐或集热水箱等装置。混合太阳能技术和热泵系统是为了提供光伏模块性能并收集热量。

2. 隧道式烘房

隧道式烘房是桃果脯加工中最常见的一种简便快捷的烘干设备。现阶段果脯加工类烘房多设有自动恒温控制和调节装置。其工作原理为，空气经过滤器进入热交换器，被加热后的热空气经进风门，由左边的送风机送入均风罩，均匀地进入烘房隧道。装料车推进烘房隧道后，由液压装置向左推移。烘干产品后的湿空气由位于右边的引风机经出风门引出。为了节约热能，根据隧道内地湿度情况，可以通过操作排风阀门，将引出的湿空气全部或部分经回风管送进热交换器，重新加热循环使用。也可以经出风口全部排出。隧道内热风的流动方向与装料车的移动方向逆流，这样有助于产品的逐渐烘干。进风温度可通过进风门在70~90℃调节。调定进风温度后，隧道内的温度即可通过恒温装置自动反馈恒温，以确保果脯产品的质量（图4-5）。

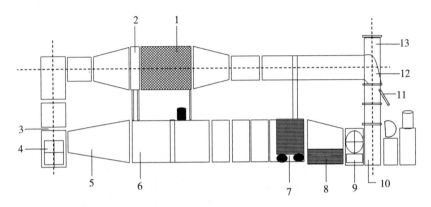

1. 过滤器；2. 热交换器；3. 进风门；4. 送风机；5. 均风罩；6. 烘房隧道；7. 装料车；
8. 液压装置；9. 出风门；10. 引风机；11. 排风阀门；12. 回风管；13. 出风口。

图4-5　隧道式烘房示意

第二节　真空冷冻干燥桃脆片加工
技术与产品质量控制

　　果蔬加工技术的一个重要发展趋势是最大限度地保持原料的营养和物理特性，而干燥工艺和设备的选择对干制品的营养、色、香、味和形有很大影响。真空冷冻干燥技术是将冷冻技术结合起来的一种综合性技术，称为真空冷冻升华干燥技术，是干燥技术领域中科技含量高、应用广的一种技术。真空冷冻干燥时先将物料冻结到共晶点温度以下，使水分变成固态的冰，然后在适当的真空度下，使冰直接升华为水蒸气，再用真空系统中的水汽凝结器（补水器）将水蒸气冷凝，从而获得干燥制品。经过真空冷冻干燥制取的果品，其物理、化学成分和生物状态基本保持不变，物质中的营养成分损失很小，结构多呈孔状，体积和干燥前基本相同，具有理想的速溶性和快速复水性。现阶段，真空冷冻干燥技术和加工工艺在桃加工方面已经较为成熟。

一、真空冷冻干燥桃脆片加工工艺流程（图4-6）

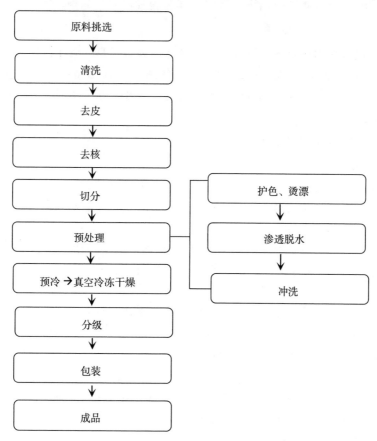

图4-6　真空冷冻干燥桃脆片加工工艺流程

二、真空冷冻干燥桃脆片生产技术要点

（一）桃品种选择

适宜加工油桃品种包括意大利五号、瑞光27号、瑞光39号等；适宜加工白桃品种包括9号、24号、艳丰1号等；适宜加工黄桃品种包括金

童 8 号、金童 7 号、德莱福来卡等；适宜加工蟠桃品种包括蟠 3 号、蟠 19 号、瑞蟠 21 号等。对其综合品质进行评定发现其中高等级和中等级的桃脆片大多为普通桃（白桃、黄桃），其中油桃和蟠桃占比较小。建议企业加工桃脆片用普通桃（白桃、黄桃）作为脆片加工的品种。

（二）桃原料选择

制桃脆片用桃要求果形大、含糖量高、肉质紧厚、果汁较少、果肉金黄（黄桃）、具有香气、纤维少、八九分熟。并且无碰压伤、磨伤、裂痕、虫伤、病果等果面缺陷。原料应符合 GB 2762—2017、GB 2763—2021 的规定。

（三）原料处理

1. 清洗

剔除烂、病、损伤和未成熟的果实。清水洗净果实表面的泥沙，再把桃毛冲洗刷掉。且清洗可以去除桃表面残留的 80% 左右的农药残留。

2. 去皮

根据加工品种选择是否需要去皮（油桃一般不需要去皮、毛桃和水蜜桃需清洗后去皮），去皮要求尽量减少桃果肉的损失。

3. 去核

企业生产采用桃子去核机。去核机要求不锈钢材质、坚固耐用、适应性强、加工范围大、去核率高、故障率低、使用时间长、运行稳定，具有良好的机械性能、操作简单、方便。

4. 切片

切片厚度影响真空冷冻干燥过程水分的去除以及食用口感，桃片厚度一般需要在 0.5~1 cm 较为适宜。

（四）原料预处理

1. 热烫处理

热烫处理能杀死大部分微生物的营养细胞并钝化内源酶，对部分水果和蔬菜的色泽有增强效果，能提升果蔬的感官品质和商业价值。热烫处理主要有热水烫漂和蒸汽烫漂，传统的热水烫漂耗水耗能，会造成营养物质的流失，而且在生产中为了较好地保存产品的颜色和使微生物失活，经常向热水中添加亚硫酸钠和偏亚硫酸氢钠，这会产生大量的废水。新兴的蒸汽热烫技术包括高湿热空气冲击烫漂、欧姆热烫、红外热烫、微波热烫等，其中蒸汽烫漂能效高，营养品质损失小，节约用水，可以推广应用。

2. 渗透脱水

渗透脱水常用的渗透物质主要分为两大类包括：糖类物质（单糖、双糖、多糖、糖浆、糖醇）和盐类物质（氯化钠、氯化钙等）。糖液渗透主要是为了改善果蔬口感，调节酸甜比，改善质构。盐类渗透主要是对果蔬颜色起保护作用，改善质构，增强果蔬干燥过程中的骨架结构。

3. 其他预处理

高压脉冲电场处理、超高压处理等也可以用于桃片的预处理环节，根据桃品种的不同，可以具体筛选最适的预处理方式以达到改善桃脆片品质的效果。

（五）预冻

物料首先要预冻，再进行抽真空。物料内部含有大量的水分，若先进行抽真空，会使溶解在水中的气体因外界压力降低而很快逸出，形成气泡，造成"沸腾"状态。水分蒸发时又吸收自身热量而结成冰。冰再汽化，则产品发泡气鼓，内部形成较多气孔。预冻的温度应选择低于物料共融点5℃左右。因隔板的温度有所不同，需要有充分的预冻时间，从低于共融点温度算起，预冻时间约2 h。

（六）速冻

物料在进入干燥室前应预冻至共晶点温度以下。在升华过程中，物料温度应维持在低于又接近共融点。物料中加入溶剂会使共晶点和共融点降低，所以一般预冻温度要比共晶点低5～10℃。冻结速度对冻干制品的质量和升华速率均有影响。冻结速度不同，物料内形成的冰晶大小也不同。冻结速度越快，形成的冰晶越小，升华时水汽逸出的通道就越小，升华干燥的速度就越慢，冻干周期就越长，降低了设备效率；但如果冻结速度太慢，形成的冰晶过大，则会造成物料中细胞壁受损，使有机物外溢，造成产品质量下降，因此需根据物料特性选择适合的冻结速度。

（七）真空干燥

真空冻干的干燥阶段通常分为两段，即升华干燥阶段与解析干燥阶段。升华干燥是冻干过程的主体，以冰晶不融化为前提，可以除去所有的冰晶体（物料中的自由水），除去水分占总含水量的80%～90%。解析干燥以物料不过热变质为前提，可以除去物料固形物的物理、化学吸附水，这部分水分占总含水量的 10%；为了获得理想的最终水分，此过程中冻干室的压强更低一些，以保证脱除与固体结合较强的吸附水。至此，物料中的水分含量已达到干燥要求，完成物料的冻干。

（八）包装

冻干桃脆片是在低温低压条件下加工制备得到的，其组织呈多孔状，总表面积比原来明显扩大，与水分和氧气的接触机会大大增加，所以需要在真空条件下或充满干燥惰性气体的密封包装袋中保存；为保持干燥食品含水量在 5%以下，包装袋内应放入干燥剂以吸附微量水分。包装材料的选择以透气性差、强度高和颜色深为好。可采用充氮包装或抽真空封口，以利于长期贮存。

三、真空冷冻干燥桃脆片产品质量要求和标准

真空冷冻干燥果蔬脆片目前没有统一的国家标准和农业行业标准，可参考 GB/T 23787—2009《非油炸水果、蔬菜脆片》和 SN/T 2904—2011《出口低温真空冷冻干燥果蔬检验规程》执行。同时各企业进行真空冷冻干燥桃脆片等果蔬脆片可参照企业标准进行。

（一）原料要求

原料桃的品种、成熟度、新鲜度应符合加工要求，并符合 GB 2762—2017 和 GB 2763—2021 规定，病虫害和变质水果在整批原料中所占比例不得超过 5%。食品添加剂质量应符合相应的国家标准或行业标准，如GB 2760—2014。

（二）产品感官品质要求

产品感官品质要求应符合表4-2的相关要求。

表 4-2　桃脆片感官品质要求

项目		要求
外观	色泽	具有桃经真空冷冻干燥后应有的正常颜色和光泽
	组织形态	块状、片状、条状或该品种应有的整细管状，各种形态应基本完好，保持匀整程度
	洁净度	无正常视力可见外来杂质
滋味和口感		具有桃经加工有应有的滋味与香气，无异味，口感酥脆

（三）产品理化品质要求

产品理化品质要求应符合表4-3的相关要求。

表4-3 桃脆片理化品质要求

项目	要求
水分/%	≤5.0
筛下物/%	≤5.0
脂肪/%	≤5.0

（四）桃脆片加工及产品卫生要求

生产加工过程卫生要求应符合 GB 14881—2013 的规定。

（五）桃脆片产品包装要求

产品包装材料或容器应符合相关食品安全标准及有关规定，内包装物不得重复使用。净含量按照国家相关规定执行。

（六）桃脆片产品标签、标志要求

产品预包装食品标签应符合 GB 7718—2011 和 GB 28050—2011 的要求。

四、真空冷冻干燥设备及操作注意事项

真空冷冻干燥设备可具体分为4个系统：制冷系统、真空系统、加热系统、控制系统。主要部件为干燥箱、凝结器、冷冻机组、真空泵、加热/冷却装置等（图4-7）。

（一）中式型真空冷冻干燥设备

1. 制冷系统

制冷系统凝结升华水气的密闭装置，通常位于干燥仓后部，内部有一个较大面积的金属吸附面，从干燥仓物料中升华出来的水蒸气可凝结吸附在其金属表面上，吸附面的工作温度可达−45~65℃，冷凝器外形是不锈钢或铁制成的圆筒，内部盘有冷凝管，分别与制冷机组相连，组成制冷循环系统。

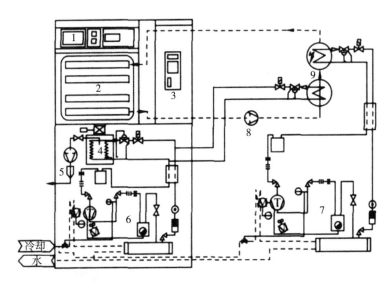

1. 过程资料；2. 带搁板的干燥箱；3. 控制部分；4. 冷凝器；5. 带有废气过滤器的真空泵；
6. 冷凝器制冷的制冷机；7. 搁板制冷的制冷机；8. 盐水循环泵；9. 换热器。

图4-7 中式真空冷冻干燥机结构

2. 加热系统

冻干机加热系统的作用是对干燥仓内物料进行加热，使物料不断地受热升华，从而达到规定的含水率要求。冻干机加热系统的加热方法主要为接触式加热。

3. 真空系统

真空系统控制干燥箱内真空度及实时监测干燥过程中的真空度。由多级真空泵组成，真空系统的真空表可使用电接点真空表，可根据预先选定的真空度值，自动控制真空泵的启动。

4. 控制系统

控制系统由可编程逻辑控制器（PLC）、触摸屏、控制柜、控制仪表、调节仪表等自动装置和电路组成。它的功能是对冻干机进行手动或自动控制，控制设备正常运转。

（二）连续式真空冷冻干燥设备

国内生产的连续式食品冻干机采用矩形仓结构，两端设隔离仓，设多个加热温度带。具有自动称重系统，能较准确地判断物料干燥程度，地车输送系统及连续融冰系统结构紧凑。连续式操作省去了间歇式操作的停机装卸料时间，节省了破空、融冰、冷却、二次加热、制冷、再抽真空等环节，生产效率高。

（三）真空冷冻干燥桃脆片操作注意事项

（1）果蔬不要长时间暴露空气中，避免氧化，影响后面冻干颜色效果。将处理好的果蔬平整铺放到冻干机的物料盘内。

（2）装盘。物料装盘要求装盘面积尽量要大、装盘厚度要薄。

（3）预冻。目的是将物料中的自由水固化，赋予冻干后产品与干燥产品相同形态。防止物料在干燥过程中塌陷、皱缩。根据物料共晶点选择合适的预冻温度有利于节约资源、减少能耗。预冻时尽量将物料"快速"冻结。速冻有利于小冰晶的产生保护产品的组织结构，减少营养物质流失，缓慢冻结会导致大冰晶的产生进而破坏样品组织结构。

（4）冻干温度的设定。冻干物料疏松多孔因升华时需要吸收热量，引起产品本身温度的下降而减慢升华速度，为了增加升华速度，缩短干燥时间，必须对产品进行适当加热。干燥温度必须是控制在以不引起被干燥物料中冰晶熔解、已干燥部分不会因过热而引起热变性的范围内。

（5）冻干后的物料具有大的表面积，吸湿性非常强，因此需要在一个低湿干燥的环境下进行包装。

第三节　压差闪蒸组合干燥桃脆片加工技术与产品质量控制

一、压差闪蒸组合干燥桃脆片加工工艺流程

压差闪蒸干燥技术是一种能有效改善干制品结构特性的干燥技术，其原理是将预先除去部分水分的原料进行加热（加压）处理，保持一段时间后瞬间卸压至真空状态，使得物料内部水分瞬间汽化蒸发，物料瞬间膨胀并在真空状态下继续脱水干燥至安全水分含量以下。与传统干制方式如热风干燥、真空低温油炸干燥等相比，压差闪蒸干燥生产出的干制品体积膨胀、低脂健康、易于贮存，其酥脆可口的质地品质可与冻干产品相媲美且能耗更低。目前该技术已成功应用于果蔬、谷物、肉类等多种农产品的

加工生产，市场前景良好，其工艺流程见图4-8。

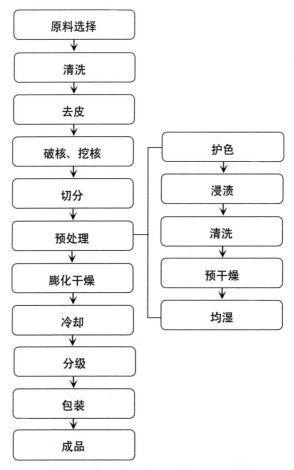

图4-8 压差闪蒸组合干燥桃脆片工艺流程

二、压差闪蒸组合干燥桃脆片生产技术要点

（一）原料选择

桃果实应新鲜饱满、成熟适度，剔除软烂、机械伤、病虫害严重的原料。

（二）原料处理

1. 清洗

清水清洗，去除桃原料表面的污渍物。

2. 去皮

可采用手工去皮、简单机械去皮（旋转器去皮）和碱液去皮等方式去皮。

3. 破核、挖核

沿桃果实缝合线对半切开，并顺着桃核的形状将核去除干净。

4. 切分

顺着桃纤维的方向切片，将桃原料均匀地切成 8~10 mm 厚的果片。

（三）原料预处理

1. 护色

将切分后的桃片置于护色剂溶液（如柠檬酸溶液）中浸泡。

2. 渗透脱水

对护色后桃片进行渗透脱水处理，渗透液可选用麦芽糖溶液、蔗糖溶液、果糖溶液或葡萄糖溶液等；渗透液质量浓度可设置为 10%~50%。

3. 浸渍后清洗

采用蒸馏水清洗，以去除附着在桃片表面的糖液，防止在预干燥及膨化干燥过程中黏附在容器上。

4. 预干燥

将桃片单层均匀地置于 70~90℃ 恒温鼓风干燥箱中，使桃片预干燥至水分含量为 15%~35%。

5. 均湿

由于恒温鼓风干燥箱内桃片摆放位置的不同，存在个体干燥差异，需将所有预干燥后的桃片密封于同一容器后置于 4℃ 冰箱内，均湿 12 h。

（四）压差闪蒸干燥

根据桃原料特性确定合适的压差闪蒸干燥参数。将均湿后的桃片置于升温后的膨化罐中，升温后的膨化罐温度即闪蒸温度为 75~100℃，增压后保持膨化罐内压力为 0~0.5 MPa，保压时间为 10~20 min。随后进行至少 1 次脉动压差闪蒸，之后压差闪蒸的桃片在膨化罐中进行真空干燥，真空干燥温度为 60~75℃，压力为 0.0090~0.0098 MPa，时间为 2.0~

4.0 h。制备得到的桃脆片质量含水率应低于 5.0%。

其中，脉动压差闪蒸指的是对膨化罐进行增压，再进行保压，然后对膨化罐进行卸压，根据原料特性可进行 1~5 次脉动压差闪蒸操作。

（五）冷却

膨化结束后，通入冷却水使膨化设备内温度降至室温。

（六）产品包装

1. 分级

桃脆片产品采用分级机进行大小分级。

2. 包装

桃脆片产品装入带标签的包装袋中，并进行充氮保存。

三、压差闪蒸干燥桃脆片产品质量标准及要求

压差闪蒸组合干燥果蔬脆片目前没有统一的国家标准和农业行业标准，可参考 GB/T 23787—2009《非油炸水果、蔬菜脆片》执行。同时各企业进行真空冷冻干燥桃脆片等果蔬脆片可参照企业标准进行。具体要求如下：

（一）压差闪蒸组合干燥桃脆片感官品质要求（表4-4）

表4-4　感官品质要求

项目	特性
色泽	具有桃加工后应有的正常色泽
滋味和口感	具有桃加工后应有的滋味与香气，无异味，口感酥脆
组织形态	块状、片状、条状或该品种应有的整形状，各种形态应基本完好
杂质	无正常视力可见外来杂质

（二）压差闪蒸组合干燥桃脆片理化品质要求（表4-5）

表4-5　理化品质要求

项目	指标
水分/%	≤5.0

（续表）

项目	指标
筛下物/ %	≤5.0
脂肪/ %	≤5.0

（三）压差闪蒸组合干燥桃脆片其他品质要求

（1）真菌毒素指标应符合 GB 2761—2017 的规定。

（2）污染物指标、农药残留指标、微生物指标应符合相应的卫生标准的规定。

（3）食品添加剂的品种和使用量应符合 GB 2760—2014 的规定。

四、压差闪蒸干燥设备

目前国内压差闪蒸干燥设备主要由蒸汽发生系统、真空系统、闪蒸干燥系统及电控设备组成（图 4-9、图 4-10）。样品经过加热升压—瞬间降压—真空干燥—压力恢复等 4 个阶段的压力和温度变化。其中加热环节是通过内部通有热蒸汽的金属管道对物料仓内的原料进行辐射加热进行，样品经瞬间降压前承受的压力随样品水分蒸发产生的蒸汽压力增加而增大，

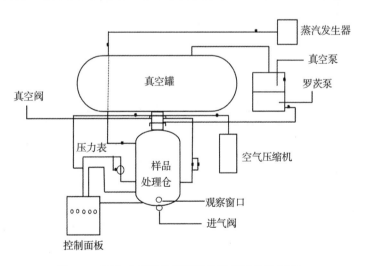

图 4-9　国内典型压差闪蒸干燥设备及结构示意

瞬间降压后物料仓内压力快速降至-0.1 MPa，此时样品体积膨胀，产生疏松多孔结构。随后物料仓中金属管道内的热蒸汽被冷却水置换，使得物料仓快速冷却，样品温度迅速降低并进入抽空干燥阶段，其多孔结构在此阶段得以定型。抽空干燥一段时间后，物料仓内压力缓慢恢复常压即可得到最终产品。

图 4-10　国内压差闪蒸干燥中式设备

第五章　桃发酵制品加工技术与产品质量控制

第一节　桃发酵产品产业现状

目前桃的发酵产品主要有桃果酒、桃果醋、其他益生菌发酵果汁三大类。研究集中在原料的选择、发酵菌种的筛选、发酵工艺的优化、桃酒香气的鉴别、澄清工艺等方向，多数以实验室研究、中试生产为主。达到产业化还需要全面建立桃发酵制品的加工技术理论及加工装备支撑、多品种桃发酵适宜性评价、摸索规模化生产桃发酵制品的技术，主要集中在缩短发酵周期、提升发酵效率、增强发酵风味、加强产品食品安全管控等方面。还需要开展新型桃发酵制品研发来丰富桃发酵制品品类，着力打造自主品牌，提高桃发酵制品的市场份额，开拓桃发酵制品消费范围与层次，以新品开发顺应潮流、符合消费者营养健康需求，保障桃发酵产业集中升级，切实带动桃发酵产业经济长久发展。

桃果酒是以新鲜桃果或者果汁为原料，经全部或者部分酒精发酵酿制而成的发酵酒，其酒精度数一般较低，保留了水果原有的糖类、氨基酸和矿物质等营养成分，适量饮用可以促进人体血液循环和机体新陈代谢。桃作为我国种植面广、产量大、营养丰富的果种，又具有耐贮运性差、上市集中的特点，必须加快其深加工技术的研究，解决桃产量供过于求的现状。桃果酒是桃理想的食用途径和模式，它可以最大限度地保留桃中原有的营养成分，改变人们传统的水果消费观念，又能扩大国内外对桃的需求，加速国内桃果业的发展，一方面推动国内消费，另一方面增加出口创汇的机会。而现状是能够将桃果酒实现产业化的果酒厂很少，原因主要有几个方面，一是原料主产地往往没有酒庄或者酒厂，原料采收后需先经过长途运输，这势必会对原料造成伤害。二是酿造工艺不够成熟。例如不同品种、不同产地的桃果原料经相同工艺酿造出的桃酒挥发酸差别大；果胶含量多而造成酶解效果差、后期澄清效果不好，酿造品质不能保证。三是成品桃果酒在储存过程中易氧化，风味变差，造成货架期缩短。四是果酒标准一般采用企业标准，技术要求参差不齐。

食醋是我国人民自古以来不可或缺的调味品，传统食醋大都是以谷类、薯类等富含淀粉的物质为主要原料经糖化、酒精发酵、醋酸发酵等工艺酿造而成。桃果醋是以桃果、桃汁或者桃果渣、果皮为主要原料结合先进的现代加工技术酿造而成。与传统食醋不同，果醋兼有食醋和水果的营养及保健功能。果醋的组成以醋酸为主，含有多种矿物质、有机酸等物质，还保存了果品中的有益成分，利用原醋可以调成果醋饮料，具有酿造食醋的抗菌防腐、增进食欲、调酸风味功效的同时，还具有水果的很多功效，如促进新陈代谢、抗癌防癌、抗氧化、美容养颜、缓解疲劳、抗衰老等，是一种营养丰富、集保健和食疗为一体的新型功能性饮品。在我国中医理论中提到果醋有去湿排毒、健胃消食、解毒醒酒、杀菌消肿的作用。果醋具有缓解疲劳的效果，当机体摄入果醋时，被小肠直接吸收参与血液循环，并生成柠檬酸，进入三羧酸循环，柠檬酸的增加不断促进三羧酸循环进行，促进新陈代谢，从而减少乳酸和丙酮酸的积累，既减缓机体的疲劳感，也可减少血液中有害胆固醇的含量，起到降血脂的功效；可以维持人体的酸碱平衡，抑制细菌的发展，起到防癌、抗癌的作用。目前规模化生产中多是利用桃加工剩下的果渣、果屑、酒脚等通过"固液法"发酵工艺制醋，或者桃果酒由于种种原因"酸变"不得已才酿制成醋，这就造成了桃果醋产量低、高质量产品少，未能形成一定规模的名牌产品。我国也缺乏保健果醋的国家标准，生产者容易钻空子，在产品宣传上存在着一些夸大保健效果的现象，损害消费者的利益，影响正常果醋市场的健康发展。

益生菌发酵桃果汁是桃果汁或果浆经除酵母菌、醋酸菌之外的其他益生菌发酵制成的发酵产品。常用的益生菌主要有乳杆菌（植物乳杆菌、干酪乳杆菌、鼠李糖乳杆菌、嗜酸乳杆菌等）、双歧杆菌（动物双歧杆菌、两歧双歧杆菌、长双歧杆菌等）、曲霉、其他食用酵母等。发酵桃果汁具有较强的抗氧化性，果汁中含有较多的酚类物质，发酵过程会产生更多的诸如酚类、酶类等抗氧化成分，酚类物质还可以调节人体中的脂质代谢，通过膳食纤维和多糖来起到降低血脂的协同作用，从而降低心血管的发病概率。

桃的其他发酵产品还有一些从以上三大类衍生出的，例如桃果白兰地，是将桃果酒、发酵果汁或者桃果渣重新加糖发酵的发酵液经过蒸馏、贮存、调配而成的一种具有高酒精度的饮品，拥有典型的桃果的香气和高酒精度带来的浓郁酯香，或者通过不同菌种复合发酵桃果汁、果浆的产品等。

第二节　桃果酒产品加工技术与产品质量控制

一、桃果酒加工工艺流程及生产技术要点

（一）桃果酒加工工艺流程（图 5-1）

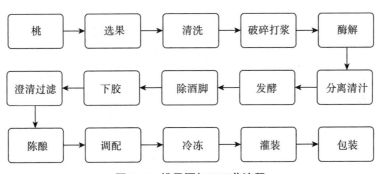

图 5-1　桃果酒加工工艺流程

（二）桃果酒加工生产技术要点

1. 验收、分选

果实要求完全成熟、新鲜、洁净，霉烂果比例、病果比例符合相关要求；农药残留符合 GB 2763 的规定，糖酸度符合相关要求，检验合格果投入生产。

2. 清洗

分别利用清水、去离子水冲洗果实表面杂物、脏物。

3. 破碎、打浆

原料通过输送带送入破碎机内，保证每个果实充分破碎。不能将核

（籽）打破，果浆进入打浆机，排出皮渣、果核，果浆进入发酵罐。

4. 酶解

破碎的同时加入果胶酶和焦亚硫酸钾，焦亚硫酸钾、果胶酶分别用少量去离子水溶解，均匀地加入果浆中。果胶酶用量根据果汁酶解实验确定。

5. 分离清汁

酶解后的果浆板框压滤出清汁进行发酵。

6. 成分调整

根据需要的发酵酒精度数调整果汁的糖含量，糖源可以是白砂糖、果糖、葡萄糖、脱酸脱色苹果浓缩汁等。根据果汁的 pH 值和总酸含量调整果汁的酸值，可以加入柠檬酸、酒石酸等。用果汁溶解糖和酸，果汁装液量不超过罐容积的 80%。

7. 发酵

将所加活性干酵母用约 5% 糖（30~40℃）的纯净水溶解，活化 30~40 min，立即加入发酵清汁中，循环 20~30 min，开始发酵，控制发酵温度 18~26℃。发酵末期加入焦亚硫酸钾终止发酵。活性干酵母的用量一般是 15~25 g/HL，可根据发酵时环境温度、发酵进程快慢调整酵母用量。

8. 分离去酒脚

终止发酵 7~10 d，分离去酒脚，原酒并罐，保证满罐储存。

9. 下胶

选用合适的下胶剂，通过下胶小试，确定适当的比例，进行下胶。按工艺要求将下胶剂事先溶好后再与原酒充分混合，循环 30~60 min。下胶期间满灌，若有空余部分充入 CO_2 气体保护。

10. 分离澄清

静置 10~20 d 开始分离，清酒用硅藻土过滤机进行过滤。

11. 陈酿

在罐里一般陈酿 12 个月，陈酿温度维持 5~25℃，每个月定期品尝原酒，监控其感官变化，测定游离 SO_2、挥发酸并做好记录。

12. 调配

根据口感进行调配桃果酒，一般添加糖或者酸，将糖或者酸倒入夹层锅内，加入适量去离子水，加热至沸腾，保温 30 min，待冷却后加入果酒中，循环 30 min。

13. 冷冻、过滤

利用冻酒罐冻酒，要求速冷，冷冻温度 T = - （原酒酒精度/2） + 0.5℃，根据冷稳定效果，冷处理时间为 7 d 左右，趁冷过滤后回温。

其中，热稳定性实验是装一瓶酒放在 80℃ 保温箱中，保温 30 min，观察酒液是否浑浊；冷稳定性实验是装一瓶酒放在-18℃保温箱中，保温 24 h，观察酒液是否浑浊或是否有晶体出现。

14. 灌装及包装（图 5-2）

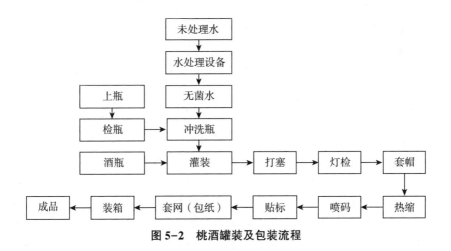

图 5-2　桃酒罐装及包装流程

（1）上瓶、检瓶。不符合标准的酒瓶不能进入生产线。对瓶外观有明显斑纹、条纹、油斑和有裂痕、外观缺陷的酒瓶要剔除。

（2）冲瓶。采用 10 mg/kg 臭氧水冲洗瓶内壁，喷水柱对准瓶底中心，喷到瓶底，冲匀。

（3）沥瓶。沥净瓶内水，一般三联体灌装机在酒瓶旋转行进中进行沥瓶。

（4）灌装。灌酒前，要按照计量要求进行检验，保证容器净含量符合标准。

（5）打塞。打塞前瓶口充入 CO_2。瓶塞打入瓶口严密，瓶塞与瓶口平齐或略深，不允许有瓶塞变形、酒液渗漏现象。

（6）灯检。要求无沉淀物、悬浮物及其他杂质。瓶外清洁，瓶塞符合要求。

（7）套胶帽。端正，不合格的胶帽不允许使用。

（8）热缩胶帽。热缩后，无皱、不翘边、不破损，与瓶颈紧密相贴。

（9）喷码。生产时必须检验喷码日期，要与当天生产日期一致，喷在酒瓶的环箍处或者背标生产日期处。

（10）贴标。贴正、贴牢、不起层、不出皱纹，位置准确。

（11）套网（或包纸）。护网或包装纸洁净，套网（或包纸）后要准确、美观、不要刮标。

（12）装盒。装入盒中，不要刮标，小礼品放入或固定于盒内。

（13）装箱。装箱数量准确。装箱质检员要检查并严控不合格品出厂。

（14）封箱。要求严密，封箱钉及胶封要求端正、美观，箱体整洁。

二、桃果酒产品质量要求和相关标准

人们习惯于用葡萄酒或蓝莓酒的国家标准来衡量桃果酒品质。但是桃的组成如糖组分、酸组分与葡萄或者蓝莓不尽相同，在此条件下应根据试验结果来确定酒的理化指标。如在 GB 15037—2006 中，理化指标中干浸出物含量≥16 g/L。而在桃酒的调配中有时为了口感会适当降低桃原酒的比例，干浸出物含量的界限值应当稍微降低。在多次实验、中试和大规模桃酒酿造生产中均会出现挥发酸高于葡萄酒国家标准的 1.2 g/L，品尝原酒并未有高挥发酸产生的酸败风味，对酒的品质没有较大影响，在长达 2~3 年的罐储时期挥发酸也并没有发生很大变化。

在桃果酒生产过程中需要关注的主要标准可参照以下范例。

（一）桃果酒标准范例

1. 范围

本标准规定了桃果酒的术语和定义、要求、试验方法、检验规则、标志、包装、运输及贮存。

本标准适用于以桃果为原料，添加或不添加食糖，经酵母菌发酵、过滤、灌装等工艺制成的发酵酒。

2. 规范性引用文件

下列文件对于本文件的应用是必不可少的。凡是注日期的引用文件，仅注日期的版本适用于本文件。凡是不注日期的引用文件，其最新版本

（包括所有的修改单）适用于本文件。

GB/T 191 包装储运图示标志

GB/T 317 白砂糖

GB 2758 食品安全国家标准　发酵酒及其配制酒

GB 2760 食品安全国家标准　食品添加剂使用卫生标准

GB 2761 食品安全国家标准　食品中真菌毒素限量

GB 2762 食品安全国家标准　食品中污染物限量

GB 2763 食品安全国家标准　食品中农药最大残留限量

GB/T 4789.25 食品卫生微生物学检验　酒类检验

GB 5749 生活饮用水卫生标准

GB 5009.12 食品安全国家标准　食品中铅的测定

GB 5009.28 食品中苯甲酸、山梨酸和糖精钠的测定

GB/T 6543 运输包装用单瓦楞纸箱和双瓦楞纸箱

GB 7718 食品安全国家标准　预包装食品标签通则

GB 10621 食品添加剂　液体二氧化碳

GB 13104 食品安全国家标准　食糖

GB 12697 果酒厂卫生规范

GB 1886.39 食品安全国家标准　食品添加剂　山梨酸钾

GB/T 15038 葡萄酒、果酒通用分析方法

GB 19778 包装玻璃容器　铅、镉、砷、锑溶出允许限量

GB/T 20886 食品加工用酵母

GB/T 23778 酒类及其他食品包装用软木塞

GB 25570 食品安全国家标准　食品添加剂　焦亚硫酸钾

BB/T 0018 包装容器　葡萄酒瓶

JJF 1070 定量包装商品净含量计量检验规则

GB/T 13516 桃罐头

NY/T 586 鲜桃

GB/T 15037 葡萄酒

NY/T 1508 绿色食品　果酒

国家质量监督检验检疫总局（2005）第 75 号令　《定量包装商品计量监督管理办法》

国家质量监督检验检疫总局令第 102 号《食品标识管理规定》

3. 术语和定义

桃果酒是以桃果为原料，添加或不添加食糖，经酵母菌发酵、过滤、灌装等工艺制成的发酵酒。

4. 产品分类

（1）按含糖量，可分为干型桃果酒、半干型桃果酒、半甜型桃果酒、甜型桃果酒。

（2）按二氧化碳含量，可分为平静桃果酒和桃果气泡酒。

5. 要求

（1）原辅料要求。

①果实应新鲜良好，成熟适度，风味正常，香气浓郁，无病虫害及霉烂果、农药残留应符合 GB 2763、NY/T 586 的规定。

②白砂糖：应符合 GB 317、GB 13104 的规定。

③酵母：应符合 GB/T 20886 的规定。

④山梨酸钾：应符合 GB 1886.39 的规定。

⑤焦亚硫酸钾：应符合 GB 25570 的规定。

⑥二氧化碳：应符合 GB 10621 的规定。

以上原辅料均符合 GB 2761、GB 2762、GB 2763 的规定。

（2）产品感官要求。

感官要求应符合表 5-1 的规定。

表 5-1 感官要求

项目		要求
外观		澄清透明、有光泽、无明显悬浮物、装瓶半年后允许有少量沉淀
色泽		金黄色
起泡程度		桃果气泡酒注入杯中时，应有细微的串珠状气泡升起，并有一定的持续性
香气		具有纯正、幽雅、和谐酒香、果香
滋味	干、半干桃果酒	具有纯正、幽雅、爽怡的口味和新鲜悦人的桃果香味、酒体完整
	半甜、甜桃果酒	具有纯正、爽怡的口味，酒体醇厚完整、酸甜协调
典型性		具有桃果酒应有的特征和风格

（3）产品理化品质要求。

产品理化指标应符合表 5-2 的规定。

表 5-2　理化指标要求

项目		指标
酒精度[a]（20℃）/%vol		7.0~12.0
总糖[d]（以葡萄糖计）/（g/L）	干型桃果酒[b]	≤4.0
	半干型桃果酒[c]	4.1~12.0
	半甜型桃果酒	12.1~45.0
	甜型桃果酒	≥45.1
二氧化碳（20℃）/MPa	桃果气泡酒	≥0.05
干浸出物/（g/L）		≥15.0
挥发酸（以乙酸计）/（g/L）		≤1.5
铁/（mg/L）		≤8.0
总二氧化硫/（mg/L）		甜型果酒≤400 其他类型果酒≤250
铜/（mg/L）		≤1.0
苯甲酸/（mg/L）		≤50
山梨酸/（mg/L）		≤200
铅（以 Pb 计）/（mg/L）		≤0.1
净含量		应符合《定量包装商品计量监督管理办法》的规定

注：[a]酒精度在上表的范围内，允许量为标示值±1%vol，20℃；

　　[b]当总糖与总酸（以柠檬酸计）的差值小于或等于 2.0 g/L 时，含糖量最高为 9.0 g/L；

　　[c]当总糖与总酸（以柠檬酸计）的差值小于或等于 2.0 g/L 时，含糖量最高为
　　18.0 g/L；

　　[d]桃果气泡酒总糖的要求同平静桃果酒。

　　总酸不做要求，以实测值表示（以柠檬酸计，g/L）。

（4）微生物限量。

产品微生物限量应符合表 5-3 的要求。

表5-3 微生物指标要求

项目	采样方案及含量[a]			检验方法
	n	c	m	
沙门氏菌	5	0	0/25 mL	GB/T 4789.25
金黄色葡萄球菌	5	0	0/25 mL	

[a] 样品的分析及处理按 GB 4789.1 执行

（5）真实性要求。

①食品添加剂质量应符合相关标准规定。

②食品添加剂的品种和使用量应符合 GB 2760 的规定。

（6）生产加工过程的卫生要求。

应符合 GB 12697 的规定。

6. 标志、包装、运输、贮存

（1）标志。

产品的标签应符合 GB 7718、GB 2758 和《食品标识管理规定》的要求，包装储运图示标志按 GB/T 191 规定执行。

（2）包装。

①内包装使用玻璃瓶，应符合 GB 19778、BB/T 0018 的要求。桃果汽酒的包装材料应符合相应耐压要求。

②外包装使用瓦楞纸箱，应符合 GB/T 6543 的规定。封装酒使用的软木塞（或替代品）应符合 GB/T 23778 的规定。

（3）运输、贮存。

①使用软木塞（或替代品）封装的酒，在贮存时应"倒放"或"卧放"。

②在运输和贮存时应保持清洁、避免强烈震荡、日晒、雨淋、严禁火种。

③成品不得与潮湿地面直接接触；不得与有毒、有害、有异味、有腐蚀性物品同贮同运。

④运输温度宜保持 5~35℃；贮存温度宜保持在 5~25℃。

（二）桃果酒酿造用原料收购标准范例

1. 范围

本标准规定了桃果酒酿造用原料的技术要求、检验方法、检验规则及运输要求。

2. 技术要求

（1）外观要求。

果实新鲜洁净，成熟度好，无夹杂物、无污染。果实新鲜洁净，果皮完整。果实有其特色的果香和颜色。

（2）卫生要求。

烂果比例≤5%；病果比例≤5%。

（3）健康要求。

原料农药残留不超标，符合 GB 2763 及相关的规定。

3. 检验方法

外观要求、卫生要求用目测法检测；农药残留通过第三方或者厂家自行进行检测，要求出具农药残留检测报告。

4. 检验规则

（1）不合格分类。

A 类不合格——外观要求、卫生要求、农药残留。

（2）组批。

同一日期进厂的水果原料为一个批次。

（3）抽样。

从每批产品不同位置抽取 1%。样品以箱（筐）为单位。

一项 A 类不合格时应重新复验，抽取 2 倍量的样品进行复验。复验结果还是不合格时，则判整批不合格。

5. 运输

原料运输要以无毒无味的洁净塑料箱盛装，每次用后仔细冲洗，运输工具要求洁净、无污染、无异味。

避免长途运输及采摘地积压，以确保采摘后 24 h 内加工完。

6. 原料检验报告单范例（表 5-4）

表 5-4　原料检验报告单

××××××公司		
原料检验报告单		
编号：		
名称：	原料产地：	
进厂日期：	进厂数量：	抽检数量：
检验项目	标准要求	验收结果
1. 外观质量	无夹杂物、无污染	
2. 卫生质量	烂果比例≤5% 病果比例≤5%	烂果比例： 病果比例：
3. 农药残留	原料农药残留情况符合 GB 2763《食品安全国家标准　食品中农药最大残留痕量》，并出具合格证明	
结论：		
	检验员：	检验日期：

（三）桃果酒生产用辅助材料产品质量标准及要求

1. 焦亚硫酸钾

参考标准：GB 25570《食品安全国家标准　食品添加剂　焦亚硫酸钾》。

（1）感官要求（表 5-5）。

表 5-5　感官要求

项目	要求	检验方法
色泽	白色或微黄色	取适量试样置于 50 mL 烧杯中，在自然光下观察色泽和组织状态
组织状态	结晶粉末	

（2）理化指标（表5-6）。

表5-6 理化指标

项目	指标
焦亚硫酸钾（以 $K_2S_2O_5$ 计），w/%	≥93.0
铁（Fe）/（mg/kg）	≤10
澄清度	通过实验
砷（As）/（mg/kg）	≤2
重金属（以 Pb 计）/（mg/kg）	≤5
铅（Pb）/（mg/kg）	≤2
硒（Se）/（mg/kg）	≤5

2. 白砂糖

参考标准：GB/T 317《白砂糖》、GB 13104《食品安全国家标准 食糖》。

（1）感官要求。

①晶粒均匀，粒度在下列范围内应不少于80%。

粗粒：0.80~2.50 mm；

大粒：0.63~1.60 mm；

中粒：0.45~1.25 mm；

细粒：0.28~0.800 mm。

②晶粒或其水溶液味甜、无异味。

③糖品外观应干燥松散、洁白、有光泽，每平方米表面积内长度大于0.2 mm 的黑点数量不多于15 个。

（2）理化要求（表5-7）。

表5-7 感官要求

项目		指标			
		精 制	优 级	一 级	二 级
蔗糖分/%	≥	99.8	99.7	99.6	99.5
还原糖分/%	≤	0.03	0.04	0.10	0.15

（续表）

项目		指标			
		精 制	优 级	一 级	二 级
电导灰分/%	≤	0.02	0.04	0.10	0.13
干燥失重/%	≤	0.05	0.06	0.07	0.10
色值/IU	≤	25	60	150	240
混浊度/度	≤	30	80	160	220
不溶于水杂质/ (mg/kg)	≤	10	20	40	60

（3）卫生要求（表5-8）。

表5-8　卫生要求

项目		指标			
		精制	优级	一级	二级
二氧化硫（以 SO_2 计）/(mg/kg)	≤	6	15	30	30
铅（以 Pb 计）/(mg/kg)	≤	0.5	0.5	0.5	0.5
总砷（以 As 计）/(mg/kg)	≤	0.5	0.5	0.5	0.5
螨（在 250 g 白砂糖中）		不得检出	不得检出	不得检出	不得检出

3. 浓缩苹果汁

脱色脱酸浓缩苹果汁参考标准：GB/T 18963《浓缩苹果汁》。

（1）感官要求（表5-9）。

表5-9　感官要求

项目	指标
香气及滋味	具有苹果固有的滋味和香气，无其他异味
外观形态	澄清透明，无沉淀物，无悬浮物
杂质	无正常视力可见的外来杂质

（2）理化要求（表5-10）。

表5-10　理化要求

项目	指标
可溶性固形物（20℃，以折光计）/%	≥65.0
可滴定酸（以苹果酸计）/%	≥0.70
花萼片和焦片数/（个/100g）	≥80
透光率/%	≥95.0%
浊度/NTU	≤3.0
富马酸/（mg/L）	≤5.0
乳酸/（mg/L）	≤500
羟甲基糠醛/（mg/L）	≤20
乙醇/（mg/L）	≤3.0
果胶实验	阴性
淀粉实验	阴性
稳定性试验/NTU	≤1.0

注：检查项目中除可溶性固形物、可滴定酸、花萼片和焦片数外，其余项目是在浓缩苹果清汁可溶性固形物含量在11.5%条件下测定的

（3）果葡糖浆。

参考标准：GB/T 20882《果葡糖浆》。

①感官要求：糖浆为无色或浅黄色，透明的黏稠液体。甜味柔和，不影响果葡糖浆特有的香气，无异味，无正常视力可见杂质。

②理化要求（表5-11）。

表5-11　果葡糖浆理化要求

项目		要求		
		F42[a]		F55[b]
干物质（固形物）/%	≥	71.0	63.0	77.0
果糖（占干物质）/%	≥	42~44		52~57
葡萄糖+果糖/（占干物质）%	≥	92		95
pH值	≤		3.3~4.5	

（续表）

项目		要求	
		F42^a	F55^b
色度/RBU	≤	50.0	
不溶性颗粒物/（mg/kg）	≤	6.0	
硫酸灰分/%	≥	0.05	
透射比/%	≥	96	

干物质实测值与标示值不应超过±0.5%（质量分数）

注：[a] F42（42 型果葡糖浆）：果糖含量不低于42%（占干物质）的果葡糖浆；

　　[b] F55（55 型果葡糖浆）：果糖含量不低于55%（占干物质）的果葡糖浆。

（4）高效活性干酵母。

参考标准：GB/T 20886《食品加工用酵母》。

①感官要求（表5-12）。

表5-12　感官指标

项目	指标
色泽	淡黄至淡棕色
气味	具有酵母的特殊气味，无腐败，无异味
组织	颗粒或条状
粒度杂质	无肉眼可见异物颗粒

②理化及卫生要求（表5-13）。

表5-13　理化及卫生指标

项目	指标
淀粉出酒率［以96%（体积分数）乙醇计］/%	48
活细胞率/%	≥80
保存率	≥80
水分	≤5.5

（续表）

项目	指标
铅（以干基计）/（mg/kg）	≤2.0
总砷（以 As，干基计）/（mg/kg）	≤2.0
致病菌（沙门氏菌、志贺氏菌、金黄色葡萄球菌）	不得检出

（5）果胶酶。

参考标准：GB 1886.174《食品安全国家标准 食品添加剂 食品工业用酶制剂》。具体要求需符合表 5-14 的相关要求。

表 5-14 固体果胶酶指标要求

项目	指标
酶活力占标示值百分数/%	85~115
铅（以 Pb 计）/（mg/kg）	≤5.0
总砷（以 As 计）/（mg/kg）	≤3.0
菌落总数/（CFU/g 或 CFU/mL）	50 000
大肠菌群/（CFU/g 或 CFU/mL）	30
沙门氏菌/（CFU/g 或 CFU/mL）	不得检出

（6）山梨酸钾。

参考标准：GB 1886.39《食品安全国家标准 食品添加剂 山梨酸钾》。

①感官要求（表 5-15）。

表 5-15 山梨酸钾感官要求

项目	指标
色泽	白色或类白色
状态	粉末或颗粒

②理化要求（表5-16）。

表5-16　山梨酸钾理化指标要求

项目	指标
山梨酸钾（以 $C_6H_7KO_2$ 计）（以干基计）/w%	98.0~101.0
澄清度	合格
游离碱（以 K_2CO_3 计）	合格
干燥减量/w%	≤1.0
氯化物（以 Cl 计）/w%	≤0.018
硫酸盐（以 SO_4 计）/w%	≤0.038
醛（以 HCHO 计）/w%	≤0.1
重金属（以 Pb 计）/w%	≤10.0
砷（以 As 计）/w%	≤3.0
铅（以 Pb 计）/w%	≤2.0
澄清度	通过试验
游离碱	通过试验

（7）膨润土（皂土）。

参考标准：GB 1886.63《食品安全国家标准　食品添加剂　膨润土》。

①感官要求（表5-17）。

表5-17　感官要求

项目	要求	检验方法
色泽	白色、灰白色、土黄色、浅绿色、深蓝色	取适量试样置于白瓷盘中，在自然光下观察其色泽和状态
状态	粉末	

②理化指标（表5-18）。

表5-18　理化指标

项目	指标
pH 值（20g/L悬浮液）	4.5~10.5
细度（通过 0.075mm 试验筛）/w%	≥70.0

（续表）

项目	指标
干燥减量/w%ᵃ	≤12.0
总砷（以 As）/（mg/kg）	≤15.0
铅（Pb）/（mg/kg）	≤35.0

干燥温度为 105℃±2℃，干燥时间为 2 h

（8）硅藻土

参考标准：GB 14936《食品安全国家标准　食品添加剂　硅藻土》，具体需符合表 5-19 相关要求。

表 5-19　硅藻土理化要求

项目	干燥品	酸洗品	焙烧品	助熔焙烧品
外观	灰白到近白色	白色	粉红色到浅黄色	白色或粉白色
	状态为粉末			
pH 值（100 g/L 溶液）	5.0~10.0			8.0~11.0
干燥减量/w%	≤10.0		≤30.0	
灼烧减量（以干基计）/w%	≤7.0	—	≤0.5	
非硅物质（以干基计）/w%	≤25.0			
砷（As）/（mg/kg）	≤5			
铅（Pb）/（mg/kg）	≤4			

（9）其他辅料。

桃果酒生产过程中用到的其他辅料如 PVPP 等进口辅料的海关卫生合格证明文件以及其他一些相关证明文件应由经销商提供。

三、桃果酒加工设备

（一）破碎与打浆设备

桃果实能够耐受很多自然条件，这是由于其有较坚硬的表皮。酿造果酒需要通过破碎和打浆来释放果浆中的果汁，可以使用专门设计的破碎机。锤式破碎机整机由进料斗、钢辊、筛网、机身、主轴、刮板等组成

（图5-3a）。工作时电机经一对皮带轮等速驱动主轴旋转，主轴上装有钢辊高速旋转，桃果由提升机上自由落入进料斗中，被高速旋转的钢辊切碎，由于离心力的作用，物料由腰型孔的筛网落入进料斗中，再由输送泵输入下一工序。一部分大块果实颗粒会在出渣口附近被刮板刮成小颗粒。这种破碎机破碎桃果的优点在于破碎物料的粒度一致，其大小由带腰型孔的筛网决定；通过调整主轴的旋转速度来保证核、肉分离，破核率低。

破碎后的果浆颗粒还是很大，甚至还有块状的水果颗粒，也会存有一部分果渣和果核的碎末，这些残渣直接进罐酶解会对桃果酒的风味产生影响，所以在破碎机后会再加一道打浆工序，打浆机和破碎机类似，腔体里由主轴、筛网、刮板等组成（图5-3b），筛网孔径一般为3 mm，粒度较均匀的桃果颗粒经过打浆机后变成果浆，这道工序会有利于桃果的酶解。

破碎机　　　　　　　　　　　　　　打浆机

图5-3　破碎与打浆设备

（二）榨汁机械与设备

压榨法取汁的原理是物料受外部压力作用，使细胞破裂，释放出汁液。压榨过程主要包括加料、压榨、卸渣等工序。一般用来处理酶解效果不好的桃果浆，用来提高出汁率，这种压榨出来的果汁常常与自流汁分开发酵。出汁率是压榨机的主要性能指标，出汁率是指压榨出的汁液量与被压榨的物料量的比值。出汁率除与压榨机有关外，还取决于物料性质和操作工艺等因素。常用的榨汁机有螺旋式榨汁机、气囊式榨汁机、框栏式榨汁机、带式榨汁机、离心式榨汁机等多种结构形式。

1. 螺旋式榨汁机

螺旋式压榨机是使用较广泛的连续式压榨机，具有结构简单、外形小、榨汁效率高、操作方便等特点（图5-4）。该机主要由压榨螺杆、圆筒筛、压力调整器、传动装置、汁液收集斗和机架组成。压榨螺杆是螺旋榨汁机的主要工作部件，采用不锈钢材料铸造后精加工而成，螺旋杆的外径尺寸不变，沿着废渣排出口方向螺杆内径逐渐加大。螺旋杆的螺旋终端制成锥形，与调压头的内锥形面相对应，渣料从二者锥形部分之间形成的环状间隙中排出，此间隙的大小通过调压装置来改变。

　　圆筒筛一般由0.3 mm厚的不锈钢板冲孔眼后卷成，为了便于清洗及维修，圆筒筛通常做成上、下两半，外面有两个半圆形加强骨架，用螺钉连接安装在机壳上。操作时，启动机器，先将出渣口环形间隙调至最大，以减小负荷。启动正常后加料，物料就在螺旋推力作用下沿轴向向出料口移动，由于螺距渐小，螺旋内径渐大，对物料产生预压力，然后逐渐调整出渣口环形间隙，以达到榨汁工艺要求的压力。

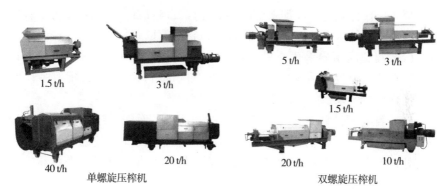

图5-4　螺旋式榨汁机

　　2. 气囊式榨汁机

　　气囊式压榨机是由一个用滤布衬里的圆筒筛和筒中的一个橡皮气囊组成。工作时把待压榨的物料装入筒内，向橡皮气囊充入压缩空气或水使其胀起，对压榨机内部的原料产生压力。这类压榨机的优点是在压榨期间出汁表面保持恒定。

　　3. 框栏式压榨机

　　框栏式压榨机是酿造冰酒榨取果汁的专用设备，采用液压自动控制，可手动液压升降，框栏由两个半圆组成，采用静态压榨，出汁率高（图5-5）。

框栏式压榨机

带式压榨机

图 5-5 压榨机

4. 带式压榨机

带式压榨机是具有浸提功能的固液连续分离设备，可用于多种果蔬如苹果、梨、桃等果肉原料的榨汁作业，该机具有以下特点：

（1）可适应不同果蔬原料的榨汁工艺变化要求，滤带张紧、运行速度、物料摊铺厚度均可无级调节，摊铺宽度也可进行调节，配有强压装置，强化压榨效果。

（2）配有清洗装置，在连续工作的状态下，对滤带进行清洗以保证滤带的透气性，压榨的物料是夹在两滤带之间，因此出汁通道短、面积大，处理能力大，对一些螺旋压榨机难以处理的含纤维少、果胶高的水果，也可以进行加工。

（三）输送设备

桃果酒酿造中的输送设备可以分为水果的输送和果浆、果汁和果酒的输送。

1. 带式输送机

带式输送机的工作原理是环形的输送带张紧在两个滚筒上，主动滚筒称作驱动滚筒，被动滚筒称作张紧滚筒。当主动滚筒由驱动装置带动旋转时，物料随输送带一起移动进行输送。带式输送机有水平式或倾斜的。其特点是工作平稳、输送量大、动力消耗少、易实现远距离输送。输送距离可达几百米，甚至更长，使用灵活方便。在果酒生产中可用于原料、果渣等的输送。

2. 提升机

刮板式提升机用于水果的提升，是果酒酿造中重要的输送设备，由食品级工程塑料网带、不锈钢机架和机械无级调速传动以及不锈钢接料槽等组成，其中网带由链板带刮板结构的模块组成。其特点是不易损伤输送物料，且易于清洗干净，无卫生死角；提升速度机械无级变速，易与其他的设备相匹配（图5-6）。

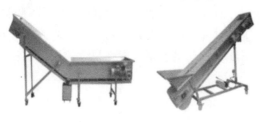

图5-6 提升机

3. 泵

果汁和果酒输送的主要设备是洁净的管道和运转正常的泵，输送过程中要确保无原料渗漏、不会引入空气和免受外来物质的污染。果酒酿造中常用泵的类型有离心泵、隔膜泵、螺杆泵等。

（1）离心泵。

离心泵价格便宜，泵送能力大，但通常不能自吸，泵腔中必须充满液体，进口处流体持续流过，以使泵在启动后能够运行正常。缺乏功能性，不能泵送酒脚，对没有悬浮固体的澄清酒液的运输比较管用（图5-7a）。

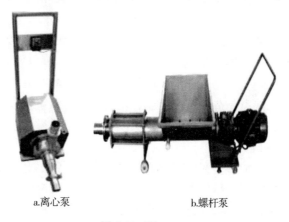

a.离心泵　　　　　　　b.螺杆泵

图5-7 泵

（2）螺杆泵。

螺杆泵中有个不锈钢的螺旋转子，在较大的螺旋面腔体中转动，腔体的周围为泵套，转子紧靠套管。当转子转动时，螺旋腔体空间被向前置换，产生平稳的泵送作用。因为是自动初始填装的，能有效移送高固体物质，可以广泛用于泵送桃果酒、酒脚或者果浆（图5-7b）。

（3）气动隔膜泵。

气动隔膜泵为往复泵，其中两个相邻的圆盘形隔膜被连接到振荡杆上，杆的运动由压缩空气控制，在每一移动结束时改变方向。通过调节空气的流量来调整速度。气动隔膜泵一般在果汁的压滤或者酒脚的压滤过程中使用。

（四）发酵与贮酒设备

1. 发酵罐

桃果酒的发酵通常采用不锈钢发酵罐进行发酵。由于桃果中含有苹果酸、柠檬酸等有机酸，在发酵过程中为了避免氧化，根据原料的卫生情况还需要加入适量二氧化硫，这些都对发酵罐有腐蚀作用。从材料方面要求制造发酵罐的材料应该耐酸性介质腐蚀，现在果酒厂一般都采用316型不锈钢，这种材料具有良好的耐腐蚀性、抗氧化、表面易清洗的特点。果酒发酵是生物化学反应，对卫生的要求非常严格。

2. 橡木桶

橡木桶在葡萄酒陈酿过程中利用广泛，主要的橡木类型有美国橡木、法国橡木、欧洲橡木等（图5-8）。橡木桶大小规格也不同。桃果酒一般需要清新的口感，可以不装入橡木桶，如果需要醇厚、独特的口感可以选用适当的橡木桶。桃果酒在橡木桶中的储存时间通常为2~6个月，温度为18~24℃。橡木桶陈酿的优点是由于其木制，可以发生气体交换和挥发，酒在桶中轻度氧化的环境中成熟，赋予柔细醇厚滋味。尤其新酒成熟快，酒质好。缺点是造价高，维修费用大；对贮酒室要求高，应在地下酒窖存放贮存；管理麻烦，要及时添酒或放酒，以防溢酒。

3. 不锈钢罐

不锈钢罐是贮存桃果酒较佳的容器（图5-9），优点是占地面积小，坚固耐用，易搬迁，维修费用低；密封性好，能够有效减少香味物质的挥发和损失，防止外界杂物进入；罐壁光滑易清洗。缺点是造价较高。

图5-8　橡木桶

图5-9　不锈钢罐

（五）过滤设备

过滤是利用某种多孔介质对悬浮液进行分离的操作。工作时，在外力作用下，悬浮液中的液体通过介质的孔道流出，固体颗粒被截流。过滤是澄清过程的一部分，在酒从发酵完成进行压滤、下胶澄清后进行过滤，到冷冻完成的过滤，再到灌装前进行除菌灌装，都需要用到各种各样的过滤设备。

1. 板框压滤机

这是果酒澄清中比较常用的设备，利用生产商提供的不同的多孔性材料作为滤垫。桃果酒酿造过程需要利用清汁进行发酵，所以破碎后的果浆经过酶解后会经板框压滤机滤出较清亮的果汁。发酵完成后，会有较多的酒脚在发酵罐中存留，此时也需要利用板框压滤机来滤去酒脚。

板框压滤机用于固体和液体的分离，其基本原理是：混合液流经过滤介质（滤布），固体停留在滤布上，并逐渐在滤布上堆积形成过滤泥饼。而滤液部分则渗透过滤布，成为不含固体的清液。随着过滤过程的进行，滤饼过滤开始，泥饼厚度逐渐增加，过滤阻力加大。过滤时间越长，分离效率越高。压滤机除了优良的分离效果和泥饼高含固率外，还可提供进一步的分离过程。酶解后的果浆压滤出的滤饼也可以再综合利用，用于制作食品或者饲料。

板框压滤机由交替排列的滤板和滤框构成一组滤室（图5-10）。滤板的表面有沟槽，其凸出部位用以支撑滤布。滤框和滤板的边角上有通孔，组装后构成完整的通道，能通入悬浮液、压缩空气和引出滤液。板、框两侧各有把手支托在横梁上，由压紧装置压紧板、框。板、框之间的滤布起密封垫片的作用。由供料泵（一般采用气动隔膜泵）将悬浮液压入滤室，在滤布上形成滤渣，直至充满滤室。滤液穿过滤布并沿滤板沟槽流至板框边角通道，集中排出。过滤完毕，可通入压缩空气继续挤压滤饼，提高出汁率。随后打开压滤机卸除滤渣，清洗滤布，重新压紧板、框，开始下一工作循环。

板框压滤机对于滤渣压缩性大或近于不可压缩的悬浮液都能适用。适合的悬浮液的固体颗粒浓度一般为 10% 以下，操作压力一般为 0.3 ~ 0.6 MPa，特殊的可达 3 MPa 或更高。过滤面积可以随所用的板框数目增减。板框通常为正方形，有手动压紧、机械压紧和液压压紧三种形式。

图 5-10　板框压滤机

2. 硅藻土过滤机

硅藻土过滤机能够将果酒中的细小蛋白质类、胶体悬浮物滤除。并可根据过滤液的性质及杂质的含量正确选择不同粒度的硅藻土，以达到要求的过滤效果。目前常用的硅藻土过滤机是利用一种滤网对过滤过程中的硅藻土提供支撑作用，形成滤层达到过滤目的。其主要由过滤罐、原料泵、循环计量罐、计量泵、流量计、视镜等一系列阀门组成（图 5-11）。其原理是在密闭不锈钢容器内，自下而上水平放置不锈钢过滤圆盘，圆盘的上层是不锈钢滤网，下层是不锈钢支撑板，中间是液体收集腔。过滤时，先进行硅藻土预涂，使盘上形成一层硅藻土涂层，待过滤液体在泵压力作用下通过预涂层而进入收集腔内，颗粒及高分子被截流在预涂层，进入收集腔内的澄清液体通过中心轴流出容器。它具有过滤周期长、效率高，过滤质量稳定，液体损失少，操作方便、移动灵活等优点。

3. 纸板过滤机

纸板过滤机就是板框过滤机的一种，其体积小、效率高、操作简便，最常用的过滤介质为纸板，因此常称作板框式纸板过滤机（图 5-12）。可

图 5-11　硅藻土过滤机

装配不同型号的过滤纸板，进行不同程度的澄清过滤和除菌过滤。止推板和机座由两个纵梁连接，构成机架。机架上靠近压紧装置一端放置着压紧板。在止推板与压紧板之间依次交替排列着滤框和滤板，滤框与滤板之间夹着纸板。压紧后，滤框与其两侧纸板之间形成滤室。纸板介质同时起着密封垫片的作用，防止滤框与滤板接触面间的泄漏。根据纸板过滤效果的不同可以将纸板分为澄清板和除菌板，纸板有正反面，反面有粗糙的表面，并朝向进酒的腔体，两张纸板的反面相对，在滤框的两侧。确保所有的纸板装备正确后才可旋转手柄，通过丝杠压紧所有纸板。如有滴漏现象，可检查纸板位置是否对正、封圈是否老化、框架是否变形、厚度是否符合该机要求。

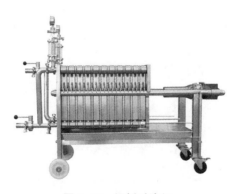

图 5-12　纸板过滤机

4. 酒泥过滤机

酒泥过滤机也叫预涂式旋转真空过滤机，可用于过滤高固体果酒、罐底部物质、酶处理及澄清后所产生的酒脚和离心泥。这种过滤机将一个旋转的鼓部分浸入一个槽型容器中，需要进行过滤的液体和硅藻土一起被充入槽型容器中，通过真空将土中的液体吸入鼓室内，过滤器表面通过刮板刮除粘在上面吸附有固体的土层，这样就能对表面进行循环处理。酒泥过滤机在回收操作中有很多的应用价值，能增加出酒率，将液体的酒变成固体的酒脚，有助于环境的保护。但是酒液裸露在槽型容器中，极易发生氧化，又因硅藻土填充较多，酒泥过滤机比较适合连续工作。

5. 膜过滤机

膜过滤主要用于板式过滤之后，保证在装瓶之前完全去除微生物。滤膜是由合成聚合材料（如聚碳酸酯、聚四氟乙烯、聚丙烯、聚砜、硝酸纤维等）制作成，可以制成不同的孔径。多数滤膜去除固体的能力很小，因此在果酒膜过滤之前需要进行澄清过滤。由于膜大多是合成材料制成，需要在过滤前用消毒液或酸化的热水对滤膜进行预处理，以防止异物造成的污染进入果酒中。

6. 错流过滤机

错流过滤是指液体流经过滤器时，平行流向表面的滤膜，滤膜中含有很多细小管道，部分液体会穿过滤膜上的这些微孔成为滤出液，其余液体又流回待滤的酒液中，这种持续的错流可以防止过滤下来的固体物质积聚堵塞过滤表面，截留颗粒一般在 $0.2 \sim 12 \mu m$。错流过滤在一些大型酒厂是常用设备，该设备既可以用来处理较浑浊的酒液，也可以进行无菌过滤，还可以在发酵结束阶段去除酵母菌以终止发酵（图 5-13）。

图 5-13　错流过滤机

（六）冷处理设备

酒液在带制冷套的冷冻罐中，冷冻剂可以在制冷套中循环，酒液在循环泵的机械搅拌下循环对流。冷冻剂在制冷机组的制冷下温度降低，以便将酒液从较高温度交换至需要的冷处理温度。从理论上讲，冷处理温度应稍高于果酒的冰点 0.5~1℃ 这样才能达到最佳效果。果酒的冰点与酒度、浸出物有关，可用计算方法或根据经验数据查表找出相对应的冰点。一般对 13% vol 以下的酒，其冰点约为酒精度的一半。若果酒度为 10% vol，其冰点为 -5℃，则冷冻温度为 -4℃。这种热传导使得处于较低压力的制冷液，在热交换中得以气化，成为蒸汽，这就必须使用沸点较低的液体，其沸点温度必须低于酒液的最终温度。一般冷冻剂为酒精、丙二醇或者盐水等。制冷机组还包括压缩机、冷凝器和减压阀。

（七）灌装设备

国内外具备一定规模的酒厂一般采用洗瓶、灌装、打塞三联体灌装机对果酒进行灌装。具体地说，洗瓶是对将要灌装用的酒瓶进行冲洗，如若酒瓶是未经使用且包装完好的新瓶子，则只需要经臭氧水冲洗即可。

冲洗过的瓶子在灌装单元进行灌装，灌装机根据灌装方式的不同可以分为低压真空式灌装机和反压灌装机（图5-14），低压真空灌装机的优点是易于清洗消毒，能够准确定量填充酒液的体积，缺点在于不能防止氧气进入灌装机机头，酒液从酒嘴中进入酒瓶中，无隔氧保护，即使后期打塞时在酒液和塞子中部空间加入二氧化碳，依然不能将酒液的溶氧控制在较低水平。反压灌装机的操作原理是对瓶子预先进行抽真空，然后加压充入二氧化碳再进行灌装，缺点是造价高，整个灌装机机头是个压力容器，且充液精准度不高。

按照酒液温度的高低分为热灌装、冷灌装与常温灌装。常温灌装是将滤后的酒液在常温下进行罐装。热灌装是将酒液升温后再进行灌装，一步法和三步法两种工艺：一步法是指将过滤好的酒经热交换器加热至 42~50℃ 进行灌装，装瓶前空瓶内充满 CO_2 或 N_2，灌酒至几乎满瓶，待冷却后，酒液收缩，液面下降至正常水平；三步法是指将滤好的酒升温至 65~80℃，保温 5~10 min，再冷却至 50~55℃ 装瓶。不论是一步法还是三步法的温度都足以杀死可能在果酒中生长的酵母或者细菌，它们都不具有耐热性，热灌装和缓慢的冷却过程很容易杀死这些菌。相较其他灌装方式，热灌装不需要对酒瓶、设备和瓶塞进行消毒，避免了二次污染；灌装过程可靠，总体成本低。但其也有不足之处：果酒的新鲜感有所损失；需要用耐热性较高的软木塞，这对后期储藏造成了易氧化的困扰。冷灌装也称无菌灌装，灌酒前将瓶子、瓶塞、无菌过滤后酒流经的所有管道、设备进行灭菌，周围环境也进行灭菌，装瓶前瓶中先通入 CO_2 或 N_2 赶走瓶中空气，以减少瓶酒中溶解 O_2 含量。冷灌装及充 N_2 或充 CO_2 灌装均有利于保持酒的新鲜果香。近几年灌装技术主要集中在冷无菌灌装领域，通过无菌过滤和事先对灌装设备、空瓶及酒塞进行消毒来实现，这种工艺有效保证了果酒的品质。由于冷灌装的果酒容易滋生细菌，所以灌装前处理显得尤为重要，因而冷灌装专业化程度较高，成本也较高。

图 5-14　灌装机

对装瓶来说，塞子的质量是很重要的，尤其是对于桃酒这样的浅颜色的果酒，塞子隔氧能力差则会使瓶中的果酒易氧化，对酒的品质造成影响。桃果酒的生产建议使用完全隔氧的塞子。塞子要储存在 15~25℃的环境中。

（八）封帽机

打塞后的果酒可以直接作为成品进行销售，有些厂家为了美观还会给果酒加上瓶帽，瓶帽的种类有很多，大致可分为：PVC 胶帽、铅（铅、锡、铅箔）帽、螺旋盖等，其中铅帽成本高但品质最好，螺旋盖采用塞子和热缩帽一体，但消费者承认度不高，综合来看 PVC 胶帽性价比最高，是果酒中最常用的瓶帽种类。PVC 胶帽一般用胶帽热缩机进行热缩，整机由机架、传动系统、进瓶螺旋装置、热收缩装置、防护装置等组成。主传动系统电机通过变频器无级调速带动热缩头上下运动，对 PVC 热缩胶帽进行热缩，热缩温度可由控制旋钮调节（图 5-15）。

（九）贴标机

贴标机用来粘贴酒的商标，高效贴标机可贴身标、颈标、背标以及圆锡箔套等。贴标机以取标方式分，有真空吸标和机械取标两种（图5-16）。酒标分为不干胶和压敏的，前者较容易使用且比较便宜。

图5-15　封帽机

图5-16　贴标机

第三节　桃果醋加工技术与产品质量控制

一、桃果醋加工工艺流程

（一）根据生产原料分类

1. 以鲜桃为原料的桃果醋生产工艺流程

桃→清洗→破碎→酶解→榨汁→酒精发酵→醋酸发酵→过滤→灌装→封口→成品。

2. 以桃浓缩汁为原料的桃果醋生产工艺流程

桃浓缩汁→调配→酒精发酵→醋酸发酵→过滤→灌装→封口→成品。

3. 以桃渣为原料的桃果醋生产工艺流程

桃渣→加水→煮沸→过滤→成分调整→酒精发酵→醋酸发酵→过滤→灌装→封口→成品。

（二）根据发酵方式分类

1. 液态发酵工艺流程

原料→清洗→破碎榨汁→成分调整→酒精发酵→醋酸发酵→淋醋→勾兑→杀菌→冷却→包装→检验→成品。

2. 固态-液态发酵工艺流程

谷壳→消毒
桃果→挑选→清洗→破碎 混合→酒精发酵→固液分离→醋酸发酵→

淋醋→装瓶→杀菌→成品。

3. 固态发酵工艺流程

谷壳或者麸皮
桃果→挑选→清洗→破碎 混合→接种醋醅、曲、酵母→发酵→淋

醋→装瓶→杀菌→成品。

二、桃果酒生产技术要点

1. 原料挑选

挑选八成熟的果，果径≥7 cm，总糖≥100 g/L，果实无霉烂、无病虫害。

2. 清洗

挑选后的果实经气浪式清洗机清洗表面灰尘和杂质，再经自来水和去离子水两道冲淋后进入破碎机。

3. 破碎、打浆

采用鲜果破碎机和打浆机对桃果进行打浆，控制破碎速度使出渣口出的果渣尽量干燥，无果汁排出。

4. 酶解

添加果浆体积的0.5%的果胶酶来酶解果浆，提高桃果的出汁率，酶解12 h。

5. 过滤

利用板框压滤机压滤果浆出清汁进行发酵。

6. 成分调整

根据需要的酒精度数调整果汁的含糖量，一般17 g/L糖可以发酵1%vol的酒。

7. 酒精发酵

18~20℃控温发酵桃果汁，加入果汁总体积的0.04%的酵母，如是干酵母需要提前活化。发酵7 d，当残糖不再下降时终止发酵。

8. 醋酸菌菌种培养

粗谷糠清洗后用90℃左右热水浸泡5~6 d，每次浸泡15 min，每天换

一次水。排完水降温至 30℃，加入调整至 8% vol 的果酒，酒液不超过菌种池的隔板，加入果酒体积 10% 的醋酸菌种，表面拌匀，盖上塑料薄膜；温度上升至 38℃ 时抽醅喷淋、翻醅，喷淋、重复翻醅、淋醅 6~7 d。

9. 醋酸发酵

向发酵醪中接种 10%~15% 的醋酸菌，控制发酵温度 30~40℃，空气流量约为 20 L/（kg·min），发酵周期 20~30 d，一般发酵以发酵醪中醋酸含量不再升高为终点。

10. 淋醋

醋酸发酵结束后，以 1:1 的比例向醋醅中加入 50~60℃ 的去离子水，浸泡 5~6 h 后就可以进行淋醋，即过滤。

11. 陈酿

一般刚酿出的桃果醋风味不浓郁，为了使桃果醋口感更加协调，风味更加浓郁，需要将桃果醋进行陈酿，将醋酸发酵完成的果醋倒罐，作为原果醋在罐中进行陈酿，陈酿时间不宜过长，否则果醋容易氧化，风味口感变淡。

12. 调兑

通过酒精发酵、醋酸发酵后的桃果醋通常酸度过大，在灌包之前需要根据口感进行调兑、稀释、调色、调香等。

13. 杀菌

采用巴氏杀菌法对桃果醋进行灭菌。将桃果醋装瓶后在 70℃ 左右温度的水中保持 3 min。通常桃果醋要上市场还需要添加其他诸如焦亚硫酸钾、山梨酸钾、苯甲酸钠等防腐剂来起到控制成品中杂菌的目的。

三、桃果醋质量要求和相关标准

我国现在还没有颁布实施桃果醋相关标准，生产企业可以依据农业行业标准 NY/T 2987—2016《绿色食品　果醋饮料》来制定企业标准，制定的企业标准相关指标要严于行业标准。在桃果醋及其相关饮料生产过程中需要关注的主要标准可参照以下范例。

（一）桃果醋饮料标准范例

1. 范围

本标准规定了桃果醋饮料的术语和定义、技术要求、试验方法、检验规则、标志、包装、运输及贮存。

2. 规范性引用文件

下列文件对于本文件的应用是必不可少的。凡是注日期的引用文件，仅注日期的版本适用于本文件。凡是不注日期的引用文件，其最新版本（包括所有的修改单）适用于本文件。

GB/T 191 包装储运图示标志

GB/T 5009.41 食醋卫生标准的分析方法

GB/T 5009.157 食品安全国家标准　食品中有机酸的测定

GB 10789 饮料通则

GB/T 12456 食品安全国家标准　食品中总酸的测定

GB 13432 食品安全国家标准　预包装特殊膳食用食品标签

GB 14880 食品安全国家标准　食品营养强化剂使用标准

GB 17325 食品安全国家标准　食品工业用浓缩液（汁浆）

GB 12695 食品安全国家标准　饮料生产卫生规范

GB/T 31121 果蔬汁类及其饮料

JJF1070 定量包装商品净含量计量检验规则

国家质量监督检验检疫总局（2005）第 75 号令《定量包装商品计量监督管理办法》

国家质量监督检验检疫总局令第 102 号《食品标识管理规定》

3. 术语和定义

（1）饮料用桃果醋。

以桃果、桃果边角料或浓缩果汁为原料，经酒精发酵和醋酸发酵制成的产品。

（2）桃醋饮料。

以饮料用桃果醋为基础原料，可加入食糖和（或）甜味剂、桃汁等，经调制而成的饮料。

4. 原辅料要求

（1）桃果应符合相关的标准和法规；浓缩桃汁（浆）应符合 GB 17325 等相关标准和法规的规定。

（2）生产过程中不得使用粮食及其副产品、糖类、酒精、有机酸及其他碳水化合物类辅料。

（3）除乙酸（醋酸）外，同时含有苹果酸、柠檬酸、琥珀酸等不挥发有机酸。

5. 感官要求

感官要求应符合表 5-20 中的规定。

表 5-20　感官要求

项目	要求
外观	有光泽、均匀液体、允许有少量沉淀
色泽	黄色
杂质	正常视力下，无肉眼可见杂质
香气	无异味，具有桃果香

6. 理化指标

理化指标应符合表 5-21 的规定。

表 5-21　理化指标

项目		指标
总酸（以乙酸计）/（g/L）	添加二氧化碳的产品	≥2.5
	其他产品	≥3
游离矿酸/（mg/L）		不得检出（<5）
锌/（mg/L）		≤5
铁/（mg/L）		≤15
铜/（mg/L）		≤5

7. 真实性要求

（1）食品添加剂质量应符合相关标准规定。

（2）食品添加剂的品种和使用量应符合 GB 2760、GB 14880 的规定。

8. 试验方法

（1）感官检验。

取混合均匀的样品 50 mL 于洁净的烧杯中，在自然光亮处目测色泽、组织状态和杂质，嗅其气味，品尝其滋味。

（2）理化指标。

①总酸。按 GB/T 12456 规定的方法检验。

②游离矿酸。按 GB/T 5009.41 规定的方法检验。

③净含量。按 JJF1070 规定的方法检测。

9. 检验规则

（1）组批与抽样。

同一批投料、同批次、同一规格生产的包装完好的产品为一批次。

（2）抽样。

每批产品中随机抽取至少 12 个最小独立包装（总体积不少于 2 L），分别用于感官要求、理化要求、菌落总数、大肠菌群检验，以及留样。

（3）出厂检验。

每批产品出厂时，应对感官要求、总酸、菌落总数、大肠菌群进行检验。

（4）判定规则。

检验结果全部符合标准要求，则判定为合格品，其他检验项目中有不合格项，可从原批产品中加倍抽取样品，对不合格项目进行复检。若复验结果仍有一项不符合本标准，则判定整批产品为不合格品。

10. 标签、包装、运输、贮存

（1）标签。

除应符合 GB 7718 的规定外，还应标明桃果醋含量；产品如声称"无糖"和"低糖"还应符合 GB 13432 等相关标准和法规。

（2）包装。

包装材料和容器应符合国家相关标准和法规。

（3）运输与贮存。

产品运输过程中应避免日晒、雨淋、重压，不得与有毒、有异味、易挥发、易腐蚀的物品混装运输。

产品应贮存在清洁、通风、干燥、避光的仓库内，仓库内应设垫离架及防鼠、防虫设施，严禁与有毒、有害、有异味的物品混贮。

四、桃果醋加工设备

由于桃果醋酿造工艺中水果前处理、酒精发酵和果酒酿造工艺相同，所用设备也相同。现将酿造果醋专用设备介绍如下。

（一）自吸式醋酸发酵罐

这种发酵罐是深层液态果醋生产的关键设备（图 5-17、图 5-18）。其工作过程是：通过转子的高速运转产生的离心力，在中部形成真空，从上面吸入洁净空气，与料液充分混合，通过定子的导流装置，喷射入液层当中，在液层中形成强烈的湍流，达到全面供氧的作用，从而促进醋酸菌快速的生长繁殖，发酵罐一般配有智能温控系统，罐体采用米勒板或迷宫式夹套，可通入加热或冷却的介质来加热或者冷却；全身采用 SUS304 或者 SUS316 材质制成，顶部一般有控制传感器（实时监测 pH 值和溶解氧）用来监测和控制发酵条件，配有无菌空气过滤器，装有搅拌桨，紧密贴在浆底的导气管可借桨叶排出液体时所产生的局部真空把空气经过滤后吸入罐内（图 5-19）。其发酵周期短，酿成醋整个过程仅需要 2 d。

图 5-17 工厂用自吸式醋酸发酵罐

图 5-18 实验室用小型果醋发酵罐

（二）醋酸菌种扩培槽

用于醋酸菌种的扩大培养，罐底设有不锈钢冲孔移动筛网，连续化喷淋、翻醅、菌种扩大培养。

（三）调配罐

用于果醋的调配、稀释、调色等步骤，配有机械搅拌系统，采用摆线齿轮行星传动原理，是国内先进的传动工具，具有扭矩大、传动效率高等优点（图 5-20）。

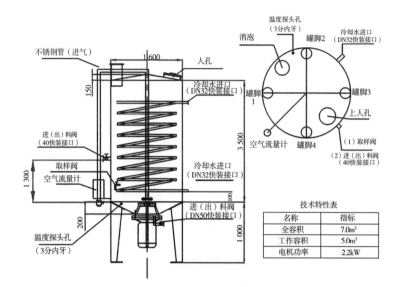

图 5-19　7 m³果醋罐结构示意

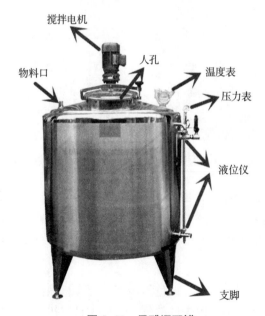

图 5-20　果醋调配罐

第四节　益生菌发酵桃果汁产品加工技术与产品质量控制

一、益生菌发酵桃果汁加工工艺流程

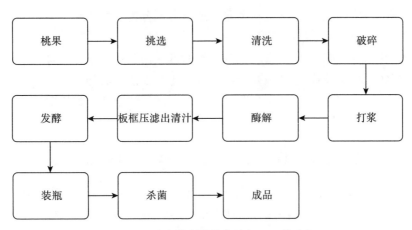

图 5-21　益生菌发酵桃果汁加工工艺流程

二、益生菌发酵桃果汁生产技术要点

1. 原料挑选

在传送带上挑选洁净、无虫眼、无霉烂的桃果。

2. 清洗

从传送带上挑选出来的桃果用气浪式清洗机进行冲洗，在破碎前再用自来水和去离子水进行冲淋。

3. 破碎、打浆

用破碎机对桃果进行破碎，物料泵入打浆机进行打浆，最终进罐进行酶解的果浆需要均匀，无大块果肉。

4. 酶解

果浆加入约 800 g/L 用量的果胶酶，酶解温度在 20℃左右，酶解时间12 h。

5. 压滤

用板框压滤机对酶解后的果浆进行压滤，去果渣出清汁入罐。

6. 发酵

果汁调整 pH 值为 4～5，初始糖度 25%，加入酵母抽提物来补充氮源，接种 3% 左右的益生菌，控制发酵温度 30℃左右，厌氧发酵 3 d。

7. 贮藏

将发酵液调配后装瓶进行贮藏，通常可以分为活菌类和灭菌类两类。

灭菌类通过高温或者巴氏灭菌方法对酵素成品灭菌使其达到长久存储的效果，但缺少活菌的酵素在功效上远远低于活菌类酵素，同时灭菌处理方式对酵素成品的口感造成了影响，破坏了其他活性成分。

活菌类酵素产品主要采用高渗透压抑制活菌的繁殖达到长期储存，目前主要采用添加至少 60% 的糖类来抑制菌类繁殖。

三、益生菌发酵桃果汁产品质量要求和相关标准

益生菌发酵桃果汁产品无现行的标准，生产企业可参照轻工行业标准 QB/T 5323—2018《植物酵素》和 QB/T 5324—2018《酵素产品分类导则》来制定企业标准。益生菌发酵桃果汁标准范例如下。

1. 范围

本标准规定了益生菌发酵桃果汁的术语和定义、技术要求、试验方法、检验规则、标志、包装、运输及贮存。

2. 规范性引用文件

下列文件对于本文件的应用是必不可少的。凡是注日期的引用文件，仅注日期的版本适用于本文件。凡是不注日期的引用文件，其最新版本（包括所有的修改单）适用于本文件。

GB/T 191 包装储运图示标志

GB 5009.84 食品安全国家标准 食品中维生素 B_1 的测定

GB 5009.85 食品安全国家标准 食品中维生素 B_2 的测定

GB 5009.154 食品安全国家标准 食品中维生素 B_6 的测定

GB 5009.157 食品安全国家标准 食品中有机酸的测定

GB 5009.124 食品安全国家标准 食品中氨基酸的测定

GB/T 5009.171 保健食品中超氧化物歧化酶（SOD）活性的测定

GB 5413.14 食品安全国家标准　婴幼儿食品和乳品中维生素 B_{12} 的测定

JJF1070 定量包装商品净含量计量检验规则

国家质量监督检验检疫总局（2005）第 75 号令《定量包装商品计量监督管理办法》

国家质量监督检验检疫总局令第 102 号《食品标识管理规定》

3. 术语和定义

以桃果、桃果汁、桃果浆为主要原料，添加或不添加辅料，经对人体有益微生物发酵制得的含有特定生物活性成分可供人类食用的产品。

4. 原辅料要求

桃果应符合相关的标准和法规；浓缩桃汁（浆）应符合 GB 17325 等相关标准和法规的规定。

5. 感官要求

感官要求应符合表 5-22 中的规定。

表 5-22　感官要求

项目	要求
组织形态	液态、固态或半固态
色泽	金黄色
杂质	正常视力下，无肉眼可见杂质
香气	无异味，具有桃果香或相应的发酵香气

6. 理化指标

理化指标应符合表 5-23 和表 5-24 的规定。

表 5-23　一般理化指标

项目		指标		
		液态	半固态	固态
pH 值	≤	4.5	4.5	/
乙醇含量/（g/100g）	≤	0.5	0.5	/

表 5-24　特征指标

项目		指标		
		液态	半固态	固态
总酸（以乳酸计）/（g/100 g）	≥	0.8	1.1	2.4
维生素（B_1、B_2、B_6、B_{12}合计）/（mg/kg）	≥	1.1	1.2	2.3
游离氨基酸/（mg/100g）	≥	33	35	97
有机酸（以乳酸计）/（mg/kg）	≥	660	900	6400
乳酸/（mg/kg）	≥	550	800	1150
乳酸菌/［CFU/mL（液态），CFU/g（固态）］	≥	$1×10^5$	$1×10^5$	$1×10^5$
酵母菌/［CFU/mL（液态），CFU/g（固态）］	≥	$1×10^5$	$1×10^5$	$1×10^5$
SOD 酶活性/［U/L（液态），U/kg（半固态、固态）］	≥	15	20	30

7. 真实性要求

（1）食品添加剂质量应符合相关标准规定。

（2）食品添加剂的品种和使用量应符合 GB 2760、GB 14880 的规定。

8. 试验方法

（1）感官检验

取适量样品置于清洁、干燥的白瓷盘或烧杯中，在自然光线下，观察其色泽和组织状态，并嗅其味（品尝第二个样品前应用清水漱口）。

（2）理化指标

①总酸按 GB/T 12456 规定的方法检验。

②pH 值按 GB/T 10468 规定的方法测定。

③乙醇含量按 GB/T 12143 规定的方法测定。

④净含量按 JJF1070 规定的方法检测。

9. 检验规则

（1）组批与抽样。

同一批投料、同批次、同一规格生产的包装完好的产品为一批次。

（2）抽样。

样品随机抽取于成品库，按每批抽取，所抽取样品总量固体不应少于 2 kg，液体不应少于2 000 mL。

（3）出厂检验。

产品出厂检验项目为感官、pH 值、乙醇含量、特征性指标（按本标准理化指标要求）、霉菌、大肠菌群指标。

（4）判定规则。

检验结果全部符合标准要求，则判定为合格品。

感官要求、理化指标有 2 项及 2 项以上不合格，则判该批产品不合格。有 1 项不合格，重新在该批产品中加倍抽取样品，对不合格项目进行复检。若复验结果仍有一项不符合本标准，则判定整批产品为不合格品。

10. 标签、包装、运输、贮存

（1）标签。

除应符合 GB 7718 的规定外，还应符合 GB 28050 等相关标准和法规。

（2）包装。

包装材料和容器应符合国家相关标准和法规。

（3）运输与贮存。

产品运输过程中应避免日晒、雨淋、重压，不得与有毒、有异味、易挥发、易腐蚀的物品混装运输。

产品应贮存在清洁、通风、干燥、避光的仓库内，仓库内应设垫离架及防鼠、防虫设施，严禁与有毒、有害、有异味的物品混贮。

四、益生菌发酵桃果汁加工设备

适用于生物反应的发酵设备需要满足以下基础条件：具有良好的密封性和耐腐蚀性，防止生产过程中其他杂菌的侵入导致发酵失败以及保证无氧发酵的无氧状态；具备加热和制冷功能，可维持恒定的发酵和冷藏温度；机械结构简单，便于投料以及机械零件的拆卸和维修；安装用于检测的传感器和控制器，可实时监控发酵过程、调整发酵参数，保证发酵的顺利进行。因此发酵设备设计的合理性，对于保证发酵过程的顺利以及对成品的产出率具有非常大的影响。

益生菌发酵桃果汁的发酵设备通常采用发酵罐，与其他发酵产品所用发酵罐相同。其他设备如灌装设备一般会采用等压灌装机及压片式拧盖机等。常用设备如图 5-22 至图 5-26 所示。

图 5-22　发酵设备

图 5-23　勾调设备

图 5-24　提升设备

图 5-25　灌装设备

图 5-26　压盖设备

第五节　桃果白兰地产品加工技术与产品质量控制

一、桃果白兰地加工工艺流程

桃果→拣选→清洗→破碎→榨汁（加酸、调糖度）→发酵→分离→蒸馏→原桃果白兰地→调配→过滤→灌装→成品。

桃果酒→蒸馏→原桃果白兰地→调配→过滤→灌装→成品。

二、桃果白兰地生产技术要点

1. 原料挑选

用于酿造白兰地的桃果必须无病害、无腐烂、无杂质，否则会给原白兰地带来不良气味。成熟度、含糖量应适中，如未成熟则果汁偏涩，出汁率低；过熟则易腐烂，果汁易氧化，酒体不丰满。

2. 清洗

从传送带上挑选出来的桃果用气浪式清洗机进行冲洗，在破碎前再用自来水和去离子水进行冲淋。

3. 破碎、榨汁

生产高档桃果白兰地应进行榨汁分离发酵，而普通白兰地生产可采用破碎去核、去皮后的果浆直接发酵。采用纯汁发酵有利于发酵的控制，提高酒质。快速压榨可减少果汁中果胶含量，从而减少果胶酶的使用量，使蒸馏出的酒甲醇含量低。

4. 发酵

主发酵温度控制在 $18\sim20℃$，时间一般 $7\sim10$ d，倒罐后可进行后发酵，温度 $15\sim18℃$，时间 $20\sim30$ d。因 SO_2 气味可通过蒸馏而进入原白兰地中，使原白兰地产生刺鼻的气味，并有硫化氢臭味以及令人作呕的硫醇类气味。整个加工及发酵、贮存期间不得使用 SO_2、偏重亚硫酸钾等含硫制剂。

5. 蒸馏

采用壶式蒸馏器，间歇式两次蒸馏法很有必要，蒸馏需用文火。第一次馏出液的平均酒度为 25 vol% ~ 30 vol%，取原料酒的 1/3 左右，前期须截取少量酒头，后期须截取酒尾。第二次可按纯酒精计算来截取酒头，为总酒分的 0.5%~1.5%，随时测酒度，切去酒尾。

6. 贮存

用橡木桶进行贮存，可使酒和桶发生恰到好处的接触，从而达到理想的催陈效果。在新桶中贮存一年后需转移至旧桶中，以避免酒中溶入过多单宁而影响口味。贮桶内酒液不能太满，应留出约 1.5% 的空隙，避免因温度变化而使酒液外溢，又要有利于酒的氧化过程。贮存最适温度为 15~25℃，相对湿度为 75%~85%。一年需添桶 1~2 次。

7. 调配

勾兑是完善白兰地风味的一道重要工序，酿酒师可根据自己的风格对酒进行勾兑，可加入焦糖色、糖浆、纯水等。

三、桃果白兰地产品质量要求和相关标准

（一）范围

本文件规定了桃果白兰地生产的术语和定义、原料要求、生产环境、酿造过程、产品检验、包装标识、运输、贮存及记录。

本文件适用于以桃果或其果渣为原料，经预处理、发酵、澄清、蒸馏、陈酿、调配、灌装而成的白兰地。

（二）规范性引用文件

下列文件对于本文件的应用是必不可少的。凡是注日期的引用文件，仅注日期的版本适用于本文件。凡是不注日期的引用文件，其最新版本（包括所有的修改单）适用于本文件。

GB/T 191 包装储运图示标志

GB/T 317 白砂糖

GB 1886.2 食品安全国家标准 食品添加剂 碳酸氢钠

GB 1886.64 食品安全国家标准 食品添加剂 焦糖色

GB 2757 食品安全国家标准 蒸馏酒及其配制酒

GB 2760 食品安全国家标准 食品添加剂使用标准

GB/T 5009.48 蒸馏酒与配制酒卫生标准的分析方法

GB 5009.225 食品安全国家标准 酒中乙醇浓度的测定

GB 5009.266 食品安全国家标准 食品中甲醇的测定

GB 7718 食品安全国家标准 预包装食品标签通则

GB/T 11856 白兰地

GB 14881 食品安全国家标准 食品生产通用卫生规范

T/CBJ 4102 橡木桶

JJF1070 定量包装商品净含量计量检验规则

国家质量监督检验检疫总局（2005）第 75 号令《定量包装商品计量监督管理办法》

国家质量监督检验检疫总局令第 102 号《食品标识管理规定》

（三）术语和定义

1. 桃果白兰地

桃果白兰地是以桃果为原料，经预处理、发酵、蒸馏、橡木桶陈酿及调配而成的桃果蒸馏酒。

2. 酒龄

白兰地原酒在橡木桶中贮存陈酿的年龄。

3. 非酒精挥发物总量

白兰地中除酒精之外的挥发性物质（挥发酸、酯类、醛类、糠醛及高级醇）的总含量。

4. 原辅料要求

桃果应符合相关的标准和法规，无异味、无污染、无杂质，符合 GB 2762 和 GB 2763 的相关规定。

5. 感官要求

感官要求应符合表 5-25 中的规定。

表 5-25 感官要求

项目	要求
外观	澄清透亮、无悬浮物、无沉淀
色泽	呈金黄色
口感	醇和、细腻、绵润
香气	具有和谐的果香、陈酿的橡木香、醇厚的酒香

6. 理化指标

理化指标应符合表 5-26 的规定。

表 5-26　理化指标

项目		指标
酒龄/年	≥	2
酒精度/%vol	≥	40.0
非酒精挥发物总量/（g/L）	≥	1
铜/（mg/L）	≤	6.0

注：酒精度实测值与标签标示值允许差为±1.0%vol

7. 真实性要求

（1）食品添加剂质量应符合相关标准规定。

（2）食品添加剂的品种和使用量应符合 GB 2760 的规定。

（3）卫生要求符合 GB 2757 的规定。

8. 试验方法

按 GB 5009.12、GB 5009.36、GB/T 5009.48、GB 5009.225、GB 5009.266 及 GB/T 11856 的要求进行。

9. 检验规则

（1）组批与抽样

同一批投料、同批次、同一规格生产的包装完好的产品为一批次。

（2）抽样

样品随机抽取于成品库，按每批抽取。

（3）出厂检验

产品出厂检验项目为感官、酒精度、非酒精挥发物总量、甲醇、铜。

（4）判定规则

检验结果全部符合标准要求，则判定为合格品。

感官要求、理化指标有 2 项及 2 项以上不合格，则判该批产品不合格。有 1 项不合格，重新在该批产品中加倍抽取样品，对不合格项目进行复检。若复验结果仍有一项不符合本标准，则判定整批产品为不合格品。

10. 标签、包装、运输、贮存

（1）标签

除应符合 GB 7718 的规定外，还应符合 GB 10344 等相关标准和法规。

（2）包装

产品内包装容器应符合食品卫生要求，封装严密、无渗漏。玻璃容器应符合 GB/T 24694 的规定、软木塞应符合 GB/T 23778 的规定。外包装采用瓦楞纸箱，应符合 GB/T 6543 的规定，箱内要有防震、防碰撞的间隔材料。

（3）运输与贮存

运输时应该避免日晒、雨淋和重压，严禁与有毒有害物质混运。

产品应贮存在清洁、阴凉、干燥、通风的库房中，仓库内应有防尘、防蝇、防鼠等措施。产品不得与有毒、有害、有腐蚀性、易挥发或有异味的物品同库贮存，不得与潮湿地面直接接触，堆叠高度不得超过 6 层，温度 10~25℃，湿度 60%~75%。

四、桃果白兰地加工设备

桃果白兰地前期发酵采用和果酒一样的工艺，故破碎、发酵等设备与果酒酿造设备一致。蒸馏设备是桃果白兰地酿造中最重要的设备。

（一）蒸馏设备

1. 壶式蒸馏设备

壶式蒸馏设备一般叫作夏朗德式蒸馏壶，被认为是世界上酿造白兰地的最佳设备（图 5-27）。

图 5-27　夏朗德式蒸馏壶

夏朗德壶式蒸馏壶主要由蒸馏锅、预热器、蛇形冷凝器三大部分组成，整个锅体由铜制成，铜制目的有多个：第一铜具有很好的导热性，第二铜是某些酯化反应催化剂，第三铜对原料酒的酸度具良好的抗性，第四铜可以使丁酸、己酸、癸酸、月桂酸等形成不溶性铜盐而析出，使这些不良气味的酸被去除。铜板应是质地很纯的电解铜，铜板应进行过刨平，使金属内的孔密实化，使锅体表面更光滑而利于清洗。锅体为圆壶式，锅底应向内凸起以利于排空，由于直接火加热，因而锅底应有一定的厚度，铜板厚度与锅容量是相当的。蒸馏锅顶部"穹形"应暴露于锅台之上，这部分面积可大可小，起着一定的精馏作用。

夏朗德蒸馏锅一大特点是设计独特的鹅颈帽，其独特的柱头部，也叫鹅颈帽为蒸馏锅罩，目的一是防止蒸馏时"扑锅"现象发生，目的二是使馏出物的蒸汽在此有部分回流，从而形成轻微的精馏作用，它的容积一般为蒸馏锅容器的10%，不同大小不同形状的鹅颈帽，其精馏作用不同，因而所蒸得的产品质量亦不同。一般来讲鹅颈帽越大，精馏作用越大，所得产品口味趋向于中性，芳香性降低，夏朗德壶式蒸馏锅一般采用"洋葱头"形鹅颈帽，也有"橄榄形"的。

2. 塔式蒸馏设备

由于果酒的精蒸馏不是单纯的酒精提纯，而是要保持一定的原料品种及发酵所产酯香，因而一般采用单塔蒸馏，塔内分成两段，下段为粗馏塔，上段为精馏塔，选用塔板时考虑处理能力大、效率高、压降低、费用小、满足工艺要求、抗腐蚀、不容易堵塔等特性（图5-28）。

图 5-28 蒸馏塔

　　进行蒸馏时，打开汽门进行温塔，在塔底温度达到 105℃时，打开排糟阀，塔内温度 95℃时，可开始进料，同时开启冷却水。至塔顶温度达 85℃时，可打开出酒阀门调整酒度，整个蒸馏过程是连续的，控制蒸馏出酒精温度在 25℃以下，随时注意气压变化，不能超过规定压力，临时停塔前应先关进料门，再关乏水门、汽门、出酒门，最后关掉冷却水，防止干塔。

第六章 桃副产物综合利用技术

随着人们对果蔬制品需求的增加，加工过程中产生的废弃物也会大量增加，为了果蔬加工业的可持续性发展，最大程度地减少浪费，有效利用资源，必须寻求这些废弃物的合理利用途径，从果蔬加工废弃物的特点和现代果蔬加工技术的发展来综合考虑。

首先，桃副产物可以被用来生产系列膳食纤维减肥产品。我国肥胖率水平逐年升高，作为代谢紊乱性疾病，肥胖往往伴随糖代谢异常、高血压、高血脂、异位脂质沉积、脂肪肝、心血管疾病等，还有患甲状腺癌的风险。而桃副产物其中包括疏桃、桃胶、桃渣和桃壳都富含纤维素，可以成为生产系列膳食纤维减肥产品比较理想的原料。其次，桃副产物利用途径将得到进一步扩展。比如可以利用桃核壳制造食品医药等行业广泛应用的活性炭，因为其固定碳和挥发性成分含量较高而灰分较少，且来源广泛、价格低廉，因此是适宜制备活性炭的原料。另外，一些高新技术在桃副产物的应用范围将大幅度扩大。如利用微波辅助提取、超临界萃取等技术从桃副产物中提取生物活性成分，能够提高提取率，减少有效成分的损失。

目前国内外桃加工技术、桃加工制品正呈现多元化、创新型发展的趋势，我国桃产业在提升对桃果的加工水平、优化生产桃制品工艺的同时，要能够将疏桃、桃胶、桃渣、桃壳、桃仁等副产物进行合理加工，在既不破坏环境的同时又能产生较大收益，使其为人们所用，不仅可以增加后期研发产品的附加值、降低采后损失率，更可以满足消费者对高品质水果产品以及新型材料的需求，以实现对我国现有丰富桃果资源的最合理化应用，促进桃产业良性发展。

第一节 疏桃综合利用技术

桃坐果率高，过高的幼果坐果率会导致果实变小及变形，为保证果实产量及质量，需要疏除一部分幼果来调节作物负荷。疏桃是人为地去除一部分过多的幼果，以获得优质果品和持续丰产，包括人工疏果和机械疏果两种疏果方式。疏果量因桃的品种、产量、土壤环境而有显著差异。平均每亩疏果量为 100 kg 左右。目前，疏桃在实际生产中的有效利用极小，只有少部分用来制作食品、饲料等，剩余全部被遗弃在田间，造成资源浪费，而且被遗弃的疏果可能成为病原菌的寄主，加速果树病虫害的传播。然而疏桃是一种可资源化利用且附加值较高的植物资源，其含有丰富的活性物质如黄酮、酚酸类化合物、氨基酸等，具有抗氧化活性、抗菌、抗过敏和抗癌等功能。此外，由于疏桃多属于幼果，无硬核、含水量低、固形物含量高、肉质细密、质地坚硬、糖含量低、单宁含量高、酸涩坚硬，耐贮运性良好。因此，可以充分利用疏桃资源，开发疏桃果脯、泡椒疏桃等系列产品。

一、疏桃中多酚类物质的提取

（一）超声辅助提取

1. 工艺流程

疏桃→清洗→切片→干燥→粉碎→提取→过滤→回收溶剂→浓缩干燥→成品。

2. 操作要点

切片、干燥和粉碎：选取新鲜疏桃，洗净后用切片机将其切为厚度为 1 mm 的片状，然后采用真空冷冻干燥或 50℃ 热风干燥疏桃片至水分含量 10% 以下，然后进行粉碎，过 80 目筛备用。

提取：将干制疏桃粉按照 1：60 的比例用 80% 的甲醇（体积比）提取，采用超声辅助提取，超声条件为 40 Hz、60 min，温度不超过 40℃。

浓缩干燥：将疏桃多酚提取液先用旋转蒸发仪（40℃）将甲醇溶剂去除，再用真空冷冻干燥成粉。

（二）高压液体提取

1. 工艺流程

疏桃→清洗→切片→干燥→粉碎→提取→浓缩干燥→成品。

2. 操作要点

提取：使用配备溶剂控制器的加速溶剂提取器对疏桃粉进行高压液体

提取，提取温度为 180℃ 和提取溶剂 80% 乙醇（体积比）。将干制疏桃粉与海砂按照 1∶3 比例混合并放入萃取池中。提取过程在以下条件下进行：时间 20 min、压力 10 MPa（1 500 磅力/平方英寸）、加热时间 5 min、静态萃取时间 5 min、冲洗量 60%、氮吹 60 s、循环 2 次，氮吹过的样品提取物通过压缩气体收集到收集瓶中。

浓缩干燥：将疏桃多酚提取液先用氮吹将乙醇溶剂去除，再用真空冷冻干燥成粉。

二、疏桃的加工工艺

（一）疏桃果脯

1. 关键环节技术方法

（1）挑选大小、形状基本一致的疏桃。

（2）将疏桃用清水清洗干净，晾干表面水分。

（3）放入浓度为 1%~3% 的盐水中煮制 15~30 min。

（4）按蔗糖 20%、蜂蜜 10%、冰糖 5%、木糖醇 5%、柠檬酸 1%、余量为水的重量配比制成糖浆，将糖浆加热至 95℃，加入清洗后的疏桃煮 1.5~2 h，煮制后物料全部倒入洁净的不锈钢浸泡池内，糖浆液面高于物料，盖上透气盖子，每 6 h 搅拌一次，腌制 48 h，至疏桃果肉内外糖浆饱满。

（5）将疏桃捞出，在 65~80℃ 条件下，干燥至果脯中水分含量为 15%~20%，即得成品。

2. 技术路线（图 6-1）

（二）泡椒疏桃

1. 关键环节技术方法

（1）挑选表皮无破损的嫩疏桃。

（2）将疏桃用清水清洗干净，晾干表面水分。

（3）开水煮制 5 min，捞出，晾凉。

（4）浸泡液的配置：疏桃 1 000 g、食盐 100 g、白砂糖 100 g、干辣椒 5 个、泡椒 400 g、白醋 200 mL、异抗坏血酸钠 1 g 和无菌水 600 mL。

（5）冷藏浸泡 48 h 以上。

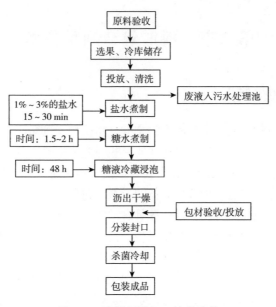

图 6-1 疏桃果脯加工技术路线

2. 技术路线（图 6-2）

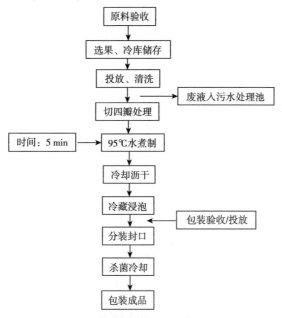

图 6-2 泡椒疏桃加工技术路线

第二节　桃胶综合利用技术

一、桃胶的简介

桃胶是我国桃产业的主要副产物之一，指桃树受到微生物感染、昆虫攻击、机械和化学损伤、水分胁迫和其他一些环境胁迫时所分泌的淡黄色到褐色的半透明胶状物。桃胶的主要成分为多糖，其次还含有少量水分、灰分、蛋白质和脂肪等。它是一种药食兼备的原料，在我国沿海一带一直保留着食用桃胶的传统，在我国古代也被记载具有治疗糖尿病的作用。现代研究也已证明，桃胶具有抗氧化活性、抗菌活性、抗肿瘤、免疫调节、降血糖、降血脂、利尿、抗醉、解酒、保护生殖功能等生物活性。

目前桃胶主要以初级农产品的形式售卖，加工利用率低，产品附加值低。影响桃胶产业化精深加工的原因主要包括除杂问题以及溶解性差等问题。因为原桃胶在采收后可能夹杂着许多杂质，如树皮、枝条、泥土等，故需要将其泡发去除，以此实现物料的标准化生产。其次，桃胶的水溶性差，只能浸胀而不易溶解，且溶胀时间较长，因此不经过处理难以直接应用于工业上。故处理桃胶的关键步骤在于将溶胀部分的桃胶进行水解，从而提高提取效率。

二、桃胶除杂

目前，市面上桃胶产品主要存在以下两种：一种是将人工晒干后的桃胶作为初级农产品进行售卖；然而，由于人工晒干后的桃胶难以分散与溶解，无法满足工业化生产要求，故另一种是商品桃胶。原桃胶经过采收、浸胀除杂、水解、脱色、脱盐、干燥六大工序，最终形成具有一定溶解度与黏度的产品，经处理后的原桃胶被称为商品桃胶，如图 6-3 所示。由于原桃胶在采收后可能夹杂着许多杂质，如树皮、枝条、泥土等，故需要将其泡发去除，以此实现物料的标准化生产。然而，固液比、原桃胶的颗粒大小以及温度等因素都会影响浸胀效果。

探究发现，当桃胶原料水分含量为 9.89%，浸胀用时 10~13 h，桃胶在浸胀后最多能够吸收自身重量约 26 倍的水分，在该时间段内料液比为

图6-3 商品桃胶生产流程

1：20时的桃胶已基本呈现泡发状态，中间无硬芯，有少量流动水。由于料液比1：5与1：10条件下桃胶黏度较其他比例高，导致部分物料在转移过程中黏于杯壁，损失率分别为1.46%与0.77%，且出于对工业生产节能角度考虑，料液比1：20能够满足生产需求；此外，浸胀除杂与干燥过程均会对桃胶品质产生影响。未浸胀桃胶中的总酚平均含量是浸胀后的2.49倍，在不同料液比下真空冷冻干燥后的总酚平均含量是热泵干燥的1.14倍（以干基计），同一干燥方式下未浸胀样品总酚平均含量约为浸胀后样品的2倍（以干基计），表明浸胀过程会导致桃胶中酚类物质的损失，从而降低了商品桃胶营养价值。此外，浸胀处理后的样品与未浸胀样品有显著色差，但色彩饱和度与鲜艳度均显著提高，且真空冷冻干燥后样品与未浸胀样品色差小于热泵干燥。

在以往工业生产中，桃胶完全浸胀至少需要24~36 h，既耗费时间又增加生产成本，且会导致桃胶中酚类物质的流失，降低商品桃胶品质。可以考虑将风干桃胶提前粉碎至一定大小，并采用分级处理装置，依据杂质与原料重量差异，达到分离杂质的效果。

三、桃胶加工方法

（一）常规加工方法

1. 工艺流程

原桃胶及水→浸胀→水解→漂白→干燥→成品（图6-4）。

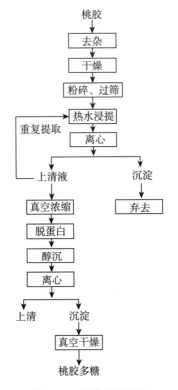

图 6-4　桃胶水解流程

2. 操作要点

（1）浸胀去杂。桃胶原料在采集、贮运过程中易混杂进泥沙、木屑、树皮等杂质，需要在浸胀后淘去，浸胀时固液比为1∶2（体积比），浸胀后用耙撕成小块，以便除去杂质，浸胀用水可循环使用或过滤成清水再使用。

（2）溶解与水解。浸胀后的原桃胶仍不易溶解，可采用机械搅拌或加热等方式助溶。为减少脱水干燥的能量消耗，应尽量提高原桃胶的溶解度。在提高温度的过程中，有些桃胶多糖分子水解断裂，使得桃胶多糖的分子量变小，表现为黏度有所下降。桃胶多糖的水解度一般凭经验和最终产品的应用目的而定（主要通过黏度指标进行控制），常用的水解方法为热水解法：将浸胀后的物料和水一起放入夹套反应锅内，用蒸汽或油浴温度120℃开始反应，1 h内上升至160℃，反应3 h停止。也有人将桃胶清洗干净浸泡35～45 h，110～125℃保温水解，得到粗胶液，然后再精制。

（3）漂白。桃胶本身呈棕红色，由于桃胶中天然色素的存在以及水解时常因受热或发生美拉德反应（即发生褐变反应），而使水解液颜色加深不适于工业使用，因此需要脱色。目前很多厂家一般采用化学试剂脱色，常用的脱色剂有次氯酸钠、过氧化氢等。取过滤后的水解液在搅拌状态下逐渐加入次氯酸钠（约10%），或使用10～12倍的过氧化氢进行漂白，漂白后的产品可以作为液体桃胶供应市场。两种脱色剂的作用特点不同，过氧化氢脱色速度快，且不回色，而次氯酸钠脱色慢，颜色易回复，因此，生产上多以过氧化氢作为脱色剂使用。

（4）蒸发与干燥。为便于运输和长期保存，可将上述桃胶多糖溶液蒸发脱水（真空脱水或烘房干燥等），获得固态的桃胶产品。为防止褐变反应发生，控制干燥温度不高于60℃。产品最终含水量控制在10%左右。

（二）改进的加工方法

为了提高商品桃胶的产量、质量，降低生产成本，一些研究单位和生产企业，试图对常规桃胶生产的一些单元操作进行改进。

1. 缩短浸胀时间，提高溶解度

利用胶体磨或研磨机使原桃胶粒度变小，能够大大缩短浸胀和桃胶多糖溶解的时间。

2. 改善水解条件，降低能耗

常规商品桃胶生产方法是通过高温使桃胶多糖水解，能耗多，时间长，因此，人们研究了使用酸、碱等作为催化剂改善水解条件。①酸水解法。桃胶多糖在强酸作用下很容易彻底水解成单糖。②碱水解法。以稀碱液氢氧化钠为催化剂的最佳工艺条件是：浸提温度85～95℃，浸提液 pH 值为9～11，浸提时间15～30 min，料液比为1∶（1.5～2.0），使用适量保护剂时可以获得理想的水解效果。该法中水解程度的控制一般是通过黏度控制的，虽然使质量控制难度稍有增加，但避免了常规生产方法水解时需要的高温，使得生产操作变得更为简便。

3. 改进工艺操作，提高产品质量

使用乙醇沉淀、真空低温干燥等提高产品的质量，采用离子交换树脂处理，减少商品桃胶的灰分含量等。

4. 改善配料，提高产品质量

在水解过程后期添加明矾、硼酸、硅酸钠等作为交联剂提高产品的黏度。使用消泡剂改善产品的透明度，使用防腐剂延长产品的保质期等。

5. 碱液水解法

（1）工艺流程。

原桃胶清洗→浸泡→打浆→碱水解→脱色→脱盐→浓缩、干燥→粉碎→精制桃胶粉。

（2）操作要点。

①清洗。将黏着在原桃胶表面的泥土、树叶、树枝等杂物用清水洗净，沥干备用。

②浸泡。称取一定质量洗净的原桃胶至缓冲溶液中浸泡 24~48 h。

③打浆。将浸泡液及原桃胶一起倒入打浆机中打浆，制成一定浓度的原桃胶液。

④碱水解。将原桃胶液置于一定温度的水浴中搅拌反应一段时间。

⑤脱色。采用活性炭物理脱色法对桃胶液进行脱色处理。

⑥脱盐。采用强酸性阳离子交换树脂（001×7）、弱碱性阴离子交换树脂（D301）的两柱串联系统对桃胶脱色液进行脱盐处理，使最终溶液的电导率值降到 200 μs/cm 以下，以达到食品级的要求。

⑦浓缩、干燥。采用真空浓缩装置，在 50℃下，脱去桃胶液中约 70%的水分后，置于-18℃以下预冻，再放入真空冷冻干燥机冻干，最后将干燥好的样品取出，粉碎，即得精制桃胶粉。

四、桃胶的应用

桃胶有"土燕窝"之称。尤其是江浙等沿海一带仍保持着长期食用习惯，如浙江名菜"桃胶炖蹄髈"、夏日特饮"桃胶薄荷"以及湖北暖冬特饮"桃胶藕米露"等，如今，"桃胶与雪燕皂角米""桃胶银耳汤""即食桃胶羹"等产品在一些网购平台也十分流行，其有弹性的口感深受大众的喜欢，而近些年食品加工领域对桃胶的开发又赋予了其新的生命力。桃胶的添加能够降低面条煮断率和面汤浊度，提升面条的感官与口感；桃胶替代脂肪添加到软糖、冰淇淋中后，具有独特的风味和浓郁的香气；桃胶还可与其他食材复配而成饮品或零食，如奇亚籽桃胶银耳饮料、枸杞桃胶果冻等。此外，研究表明，桃胶多糖还可以作为一种可食用的被膜剂，能够有效延长圣女果和白虾的货架期。

桃胶中多糖含量高，并且具有良好的吸湿、保湿效果及抗氧化功效，同时也可以做乳化剂、稳定剂，是自然界中不可多得的天然护肤品原料。随着人们对于皮肤保养的日渐重视，护手霜在日常生活中用量大，但市面上有的价格昂贵，有的品质低劣，性价比高的护手霜仍相当匮乏。桃胶产量大、价格低，其多糖含量高且保湿性能好，作为乳化剂、稳定剂也占有一定的优势。桃胶具有水溶性和黏度，用于配制水溶性胶黏剂，也可用作增稠剂、乳化剂，具有清血降脂、缓解压力和抗皱嫩肤的功效。现代药理与临床研究也表明，桃胶多糖有抗菌消炎及减少瘢痕增生、促进胶原合成、细胞增殖等功能。

桃胶还被应用于其他行业，如印刷工业中涂于胶印版面的表面，防止尘土等；因其具有一定的保湿功能，故作为保湿剂应用于化妆品行业，如桃胶面膜、桃胶护手霜等；纺织工业中用作酸性印花染料；农药生产中用作混悬剂、稳定剂；电子化工业中的亚微米级石墨微粒子滤饼、黑底导电涂料等。

第三节　桃渣综合利用技术

随着桃产量的逐年增大和加工产业的迅速发展，桃的加工会产生大量的副产物，尤其是桃果汁生产过程中产生的桃渣。桃渣是高水分含量物质，且营养成分较多，在高温或雨天下堆积极易腐败变质，造成环境污染和资源浪费等问题。桃渣营养成分丰富，富含多酚、果胶、蛋白质、纤维素、维生素和矿物质等，特别是榨汁后的桃渣作为桃加工的副产物含有果皮、果肉和果柄等物质，能够作为提取膳食纤维的良好原料。

一、有机溶剂法提取桃渣中膳食纤维

（一）工艺流程

桃渣→加入食用酒精→膳食纤维沉淀→搅拌分散→过滤→膳食纤维粗品→加入食用酒精→分散→过滤→干燥→粉碎→膳食纤维产品。

（二）操作要点

（1）向桃渣中添加一定量的食用酒精并充分搅拌，在室温条件下静置沉淀。

（2）对沉淀后的桃渣进行一次分散。

（3）采用真空抽滤或板框压滤方式对分散后的桃渣浆进行一次过滤，分别收集滤液和滤渣。

（4）向上一步骤中得到的滤渣中添加食用酒精，充分搅拌后，进行二次分散。

（5）采用真空抽滤或板框压滤方式对从中得到的滤渣进行二次过滤，分别收集滤液和滤渣。

（6）将得到的滤渣进行干燥处理，得到桃渣膳食纤维成品。

二、生物酶法提取桃渣中膳食纤维

（一）工艺流程

桃渣→浸泡→过滤→除杂→酶解→过滤→真空浓缩→醇沉→过滤→干燥→膳食纤维。

（二）操作要点

（1）桃渣预处理。用温水浸泡湿桃渣，分离核渣、水洗、过滤，重复次数直至苯酚-硫酸法检测滤液中糖含量为零。

（2）酶解。向反应体系中添加纤维素酶后充分搅拌，确保原料与酶混合均匀且充分接触。其中加酶量为 1.25%、温度为 45℃、pH 值为 4.5，在此条件下膳食纤维得率理论值为 20.68%。

（3）减压浓缩。在 60℃、真空度 0.1 MPa 的条件下浓缩至液体呈现黏稠状。

（4）醇沉。加入 4 倍浓缩体积的 95%乙醇进行醇沉。

（5）烘干。烘干温度为 60℃。

第四节　桃核壳和核仁综合利用技术

在桃果深加工过程中会产生大量的核壳，在其处理问题上，若仅作为普通的燃料，会由于燃烧产生废气排放而污染环境，但如果将其作为原料制备活性炭等则可变废为宝。桃核木质素含量高、硬度大，具有天然的微孔结构，是生产活性炭的良好原料。

桃仁的主要成分有脂肪油类、苷类、蛋白质和氨基酸、挥发油、甾体及其糖苷等。桃仁总蛋白中可分离出清蛋白、球蛋白、醇溶蛋白、谷蛋白等部分,其中清蛋白量达86.83%,且具有良好的溶解性、泡沫稳定性、乳化稳定性以及较低的凝胶质量浓度,提示桃仁可作为清蛋白的良好来源;而必需氨基酸的量占桃仁17种氨基酸中的28.04%。桃仁中还含有脂肪,出油率可达50%,桃仁油富含多种不饱和脂肪酸,其中油酸、亚油酸等不饱和脂肪酸含量占88%以上。

一、桃核壳活性炭的制备

(一) 氯化锌活化法

1. 工艺流程

桃核洗净→干燥→破碎→过筛→氯化锌溶液浸渍→过滤→烘干→活化→冷却→酸洗→水洗→烘干→桃核壳活性炭。

2. 操作要点

(1) 氯化锌溶液浸渍。按照活化剂浓度40%,与原料混合均匀,浸渍12 h。

(2) 活化。将浸渍后物料过滤烘干后置于500℃马弗炉中活化2 h。

(3) 酸洗和水洗。冷却后用0.1 mol/L热盐酸溶液清洗,再用热蒸馏水洗至中性。

(二) 磷酸活化法

1. 工艺流程

桃核洗净→干燥→破碎→磷酸浸渍→活化→水洗→过滤→烘干→研磨→过筛→桃核壳活性炭。

2. 操作要点

(1) 破碎。将桃核壳破碎至1~2 mm。

(2) 磷酸浸渍。按照一定的浸渍比(纯磷酸与原料的质量比)将磷酸溶液与原料混合均匀,置于105℃的烘箱中24 h完成预处理。

(3) 活化。将预处理后物料置于400℃马弗炉中活化2 h。

(4) 水洗。活化后用蒸馏水洗至pH值达到6~7。

二、桃仁蛋白质的制备

(一) 碱溶酸沉法

1. 工艺流程

桃核→手工去壳→浸泡→去皮→烘干→粉碎→过筛→脱脂→脱脂桃仁粉→碱提→离心分离→上清液→酸沉→二次离心分离→调 pH 值→冷冻干燥→桃仁蛋白。

2. 操作要点

(1) 烘干。将去皮的桃仁放入 50℃ 左右的烘箱中 3~5 h 烘干。

(2) 粉碎。干燥的桃仁放入粉碎机粉碎,过 40 目标准筛。

(3) 脱脂。桃仁和正己烷按照比例混匀 (料液比为 1∶30),磁力搅拌器搅拌后,静置。

(4) 碱提。pH 值为 10,温度为 45℃,时间为 50 min,此时的蛋白质提取率达到 58.98%。碱提过程中,要不断地搅拌,每隔 5 min 调一次 pH 值,保持 pH 值恒定。

(5) 离心。两次离心都是 3 500 r/min,离心 15 min。

(6) 调 pH 值。二次离心分离后,弃去上清液,沉淀用蒸馏水稀释并调 pH 值为 7,冻干。

(二) 分步酶解法

1. 工艺流程

桃仁→去皮→干燥→粉碎 (过 0.42 mm 筛) →调浆 (料水比 1∶5) →细胞壁多糖水解酶酶解→碱提 (pH 值 8.5,60℃,1 h) →蛋白酶酶解→升温灭酶 (85℃,10 min) →离心分离 (4 000 r/min,20 min) →桃仁油和水解蛋白。

2. 操作要点

(1) 细胞壁多糖水解酶酶解。料水比 1∶5,纤维素酶用量 2%,酶解pH 值为 5,酶解温度 45℃,时间 4.5 h。

(2) 碱提。pH 值为 8.5,温度 55℃,时间 30 min。

(3) 蛋白酶酶解。pH 值为 9.5,酶用量 1.5%,温度 50℃,时间 2 h。在此条件下,桃仁油与水解蛋白提取率分别为 76.03% 和 84.39%。

三、桃仁油的制备

（一）有机溶剂提取法

1. 工艺流程

桃仁→去皮、烘干→粉碎→石油醚提取→离心→滤液浓缩→高温挥发残余溶剂→桃仁油

2. 操作要点

（1）石油醚提取。将样品置于索氏装置中，放入适量的石油醚，然后放在恒温水的浴锅中浸提。

（2）离心。将所获得的提取液置于高速离心机中，以 4 000 r/min 的转速离心 30 min。

（3）高温挥发残余溶剂。上清液用浓缩收取溶剂，并清除残余的溶剂，直到两次称取的质量差小于等于 0.002 g 时为止，得到桃仁油。

（二）超声辅助有机溶剂提取法

1. 工艺流程

桃仁→去皮、烘干→粉碎→超声波辅助提取→过滤→滤液浓缩→高温挥发残余溶剂→桃仁油

2. 操作要点

（1）超声波辅助提取。按一定料液比向桃仁粉加入正己烷，在设定条件下［提取时间 68 min，料液比 1∶10（g/mL），提取温度 57℃，超声波功率 160 W］提取。

（2）过滤。提取结束后，过滤分离得滤液，并将滤渣清洗 2~3 次。

（3）滤液浓缩。滤液回收至蒸馏瓶。用旋转蒸发仪（温度 45℃，真空度 0.07~0.08 MPa）减压回收溶剂。

（4）高温挥发残余溶剂。将得到的桃仁油在 100℃烘箱中干燥约 20 min，除去油中残留溶剂。

（三）微波辅助有机溶剂提取法

1. 工艺流程

桃仁→去皮、烘干→粉碎→微波辅助提取→过滤→滤液浓缩→高温挥发残余溶剂→桃仁油。

2. 操作要点

取适量桃仁粉加入石油醚，于微波装置中提取。其中设置料液比为 1∶4，微波频率为 560 W，辐射次数为 4 次，每次辐射时间为 40 s。

（四）水酶法

1. 工艺流程

桃仁→去皮→烘干→粉碎→灭酶→冷却→酶解→离心分离→清油。

2. 操作要点

（1）去皮。将 50 g 桃仁放入 80℃的热水中浸泡 5 min，捞出后除去桃果仁的外包种皮，然后用清水洗净，沥水晾干。

（2）烘干。去皮的桃仁在 50℃烘烤 24 h。

（3）粉碎。在打浆机中进行粉碎，并过 40 目筛。

（4）灭酶。粉碎的桃仁粉中加一定量的水，在 85℃的水浴中保温 10 min，以钝化脂肪氧化酶。

（5）酶解。酶解温度 55℃、酶解时间 3 h、复合酶浓度 2%（0.5%果胶酶+0.5%纤维素酶+0.5%木瓜蛋白酶）、pH 值为 7.0、料液比 1∶4，出油率可达 77.31%。

（6）离心分离。酶解完成后酶解液在 4 500 r/min 离心 15 min，取上清液即为桃仁油。

第七章 桃果实贮藏保鲜技术

第一节 桃果实贮藏特性

桃属呼吸跃变型果实，低温、低氧和高二氧化碳都可以减少乙烯的生成量和作用，从而延长贮藏寿命。桃果实对低温非常敏感，一般在0℃贮藏3~4周即发生低温伤害，表现为果肉褐变、生硬、木渣化，丧失原有风味。桃品种间贮藏特性差异较大，北方硬溶质品种耐藏性较好，较耐贮运。

一、硬溶质桃

硬溶质是一个品种的重要性状。果肉脆、硬，离核，当果实充分成熟时，肉质既柔软多汁，又较紧密带有韧性，如肥城桃等，这类品种较耐贮运。

二、软溶质水蜜桃

软溶质水蜜桃（学名：*Prunuspersica*，英文：Melting fleshed peach），蔷薇科桃属植物。果实顶部平圆，熟后易剥皮，多黏核。属于球形可食用水果类，水蜜桃有美肤、清胃、润肺、祛痰等功效。它的蛋白质含量比苹果、葡萄高1倍，比梨高7倍，铁的含量比苹果多3倍，比梨多5倍，富含多种维生素，其中维生素C最高，以其汁多味甜、香气浓郁等特点，深受广大消费者的喜爱。水蜜桃属于呼吸跃变型果实，采后有明显的呼吸高峰，肉质细嫩、皮薄易剥，易受机械损伤，且水蜜桃采收期正值7—8月高温高湿季节，采后成熟衰老迅速，果实极易腐败变质，常温下2~3 d

便会软化。

（一）品种举例

1. 玉露桃

玉露桃是上海龙华水蜜桃的后代，引入浙江省奉化种植，此后发展成我国著名水蜜桃品种。奉化水蜜桃被誉为"中国之最"，有"琼浆玉露，瑶池珍品"之誉。果肉乳白色，肉质柔软易溶，汁液多，吃起来味甜，而且还带有浓香。

2. 阳山水蜜桃

阳山水蜜桃已有近70年的栽培历史，水蜜桃果形大、色泽美，皮韧易剥、香气浓郁，汁多味甜，入口即化，有"水做的骨肉"美誉。阳山水蜜桃在5月底开始上市。

3. 香山水蜜桃

香山水蜜桃果树中等，树姿半开张，果实近圆形，花粉多，果肉乳白色，皮下近核处红色，肉质柔软，汁液多，味甜，有香气，黏核，最佳的采收期是7月上旬。

（二）贮藏特性

水蜜桃属呼吸跃变型果实，低温、低氧和高二氧化碳都可以减少乙烯的生成量和作用，从而延长贮藏寿命。桃果实对低温非常敏感，一般在0℃贮藏3~4周即发生低温伤害，表现为果肉褐变、生硬、木渣化，丧失原有风味。

三、蟠桃

蟠桃（学名：*Amygdalus persica* L.'Compressa'），是蔷薇目蔷薇科桃属植物桃的变种，叶为窄椭圆形至披针形，长15 cm，宽4 cm，原产于山东胶东半岛。蟠桃果形独特，个大鲜艳（最大果300~400 g），肉质细腻，甘甜可口，味道鲜美，果实中富含多种营养成分，食用后可以补心活血、清热养颜、润肠通便、帮助消化，深受消费者喜爱。果实成熟采收期较集中，以鲜食销售为主，果实不耐贮运，易褐变、腐烂。蟠桃营养丰富，风味优美，外形美观，被人们誉为长寿果品。盆栽蟠桃，不但美化环境，而且春华秋实，具观赏与食果双重作用。一般说来蟠桃比普通的桃更有营养，是人体保健比较理想的果品。

（一）品种举例

根据成熟时间的不同，蟠桃可以分为早熟蟠桃优良品种、早中熟蟠桃优良品种、中晚熟蟠桃优良品种三大品系。

1. 早熟蟠桃优良品种

早露蟠：果实在黄淮地区 6 月初成熟，果形扁圆，平均单果重 140 g，最大果重 216 g，在早熟蟠桃中果个较大。果皮黄白色，着玫瑰红晕。果肉乳白色，可溶性固形物的含量为 12%，比同期成熟的普通早熟桃要甜。该品种当年栽培次年株产可达 6~8 kg，效益佳。生产上要强化疏果，确保果个均匀、硕大。

早硕蜜：果实在黄淮地区 5 月底成熟，比早露蟠早 3~4 d，平均单果重 95 g。果皮黄白色，着玫瑰红色。果肉乳白，可溶性固形物含量为 11%，味甜。该品种在生产上一般与早露蟠搭配栽培，互为授粉树。

早油蟠：系从国外引进的油蟠桃品种，在黄淮地区 6 月中旬成熟。果形扁圆，平均单果重 96 g，果皮全面着鲜红色。果肉黄色，可溶性固形物含量为 12%。

瑞蟠 1 号：属大果型早熟蟠桃品种，在黄淮地区 6 月底成熟，平均单果重 150 g，最大果重 220 g。果形扁圆，果皮底色黄白，果面着玫瑰红晕。果肉乳白，硬溶质，可溶性固形物含量为 14%，味香甜。

2. 早中熟蟠桃优良品种

瑞蟠 2 号：果实在黄淮地区 7 月底成熟，果形扁圆，平均单果重 156 g。果皮底色乳白，可溶性固形物含量为 14.5%，耐贮运。

瑞蟠 3 号：果实在黄淮地区 7 月底成熟，平均单果重 200 g。果形扁圆，果皮底色乳白，面着玫瑰红色。可溶性固形物含量为 14.5%，口感脆甜。早果丰产，耐贮运。

瑞蟠 5 号：果实在黄淮地区 7 月下旬成熟，平均单果重 200 g。果形扁圆，果皮着玫瑰红晕。可溶性固形物含量为 15%。

紫蟠：果实在黄淮地区 7 月中旬成熟，平均单果重 195 g。果形扁圆，果皮底色黄白，着紫红色。可溶性固形物含量为 14.5%，脆甜。

燕蟠：果实在黄淮地区 7 月中旬成熟，平均单果重 148 g。果形扁圆，果皮底色黄白，着深红色。可溶性固形物含量为 15%，味甜。

美国大红蟠：系从美国引进的大果型蟠桃新品种，果实在黄淮地区 7 月底成熟，平均单果重 220 g。果形扁圆，果面鲜红色，可溶性固形物含量为 14.5%，味甜。

3. 中晚熟蟠桃优良品种

蟠桃 4 号：是瑞蟠系列中成熟期最晚的品种。果实在黄淮地区 9 月初成熟，果个大，平均单果重 221 g。可溶性固形物含量为 16%，味浓甜。早果丰产，耐贮运。

仲秋蟠：属中国传统的优良晚熟蟠桃品种，果实在黄淮地区 9 月底成熟，正赶上中秋节上市。果实扁圆端正，平均单果重 175 g，果面着红晕。可溶性固形物含量为 16.8%，味浓甜。从 9 月中旬到 10 月中旬可陆续采收。

巨蟠：属特大果型蟠桃品种，鲜果在黄淮地区 8 月中旬成熟上市，平均单果重 320 g。果皮底色黄白，果面着鲜红色，可溶性固形物含量为 14.5%，味甜，香味浓。

（二）贮藏特性

蟠桃在采后贮藏中极易出现失水失重、硬度下降、果实腐烂、果肉褐变，因而耐贮性差，鲜果供应期短。采收成熟度与贮藏品质有极大的相关性，采的早，果个小、品质差；采的晚，果实过熟、不耐贮。

四、油桃

油桃（拉丁学名：*Prunuspersica* var. *nectarina*），又名桃驳李。油桃（英文：Nectarine）是普通桃（果皮外被茸毛）的变种，是一种果实作为水果的落叶小乔木，油桃源于中国，在亚洲及北美洲皆有分布。近球形核果，肉质可食，为橙黄泛红色，直径 7.5 cm，有带深麻点和沟纹的核，内含白色种子。油桃表皮是无毛而光滑的、发亮的、颜色比较鲜艳，好像涂了一层油，风味特佳，香、甜、脆一应俱全，十分适合中国人喜甜的饮食习惯。普通的桃子表皮有绒毛，颜色发红或微黄，无亮光，油桃以其果皮无毛、果色鲜红迷人、香味浓郁的外观深受市场的欢迎。油桃的部分品种成熟后果实脆硬，极耐长途运输，其耐贮运性能大大超过水蜜桃。

（一）品种举例

1. 瑞光 5 号

瑞光 5 号，果实短椭圆形，平均单果重 145 g，大果重 158 g。果顶圆，缝合线浅，两侧较对称，果形整齐。果皮底色黄白，果面着紫红或玫瑰红色点或晕，不易剥离。果肉白色，肉质细，硬溶质，味甜，风味较浓，黏核。果实 7 月上中旬采收，果实发育期 85 d 左右。落叶期为 10 月下旬，年生育期 210 d 左右。该品种为优良的早熟油桃品种，果个大且圆整，风味甜，丰产，多雨年份有少量裂果。

2. 瑞光 7 号

瑞光 7 号，果实近圆形，平均单果重 145 g，大果重 183 g。果顶圆，缝合线浅，两侧对称，果形整齐。果皮底色淡绿或黄白，果面 1/2 至全面着紫红或玫瑰红色点或晕，不易剥离。果肉黄白色，肉质细，硬溶质，耐运输，味甜或酸甜适中，风味浓，半离核或离核。北京地区 7 月 13—20 日成熟。

3. 红芒果油桃

红芒果油桃树势中庸，因其果面红色，果形奇特像芒果而得名，优质、特早熟、甜香型黄肉油桃品种。果个中等，平均单果重 92 ~ 135 g，果形长卵圆形，果皮底色黄，成熟后 80% 以上果面着玫瑰红色，较美观。果肉黄色，硬溶质，汁液中多，可溶性固形物 11% ~ 14%，品质优良，无裂果，黏核。郑州地区 3 月下旬到 4 月初开花，果实 5 月下旬成熟，果实发育期 55 d 左右。

4. 华光油桃

树体生长健壮，树形紧凑，果实近圆形，平均单果重 80 g 左右，最大可达 120 g 以上，表面光滑无毛，80% 果面着玫瑰红色，改善光照条件则可全面着色，果皮中厚，不易剥离，果肉乳白色，软溶质，汁多，黏核。果实发育期 60 d 左右，郑州地区 6 月初成熟，果实发育后期雨水偏多时，有轻度裂果现象。

5. 艳光油桃

属早熟品种，白肉甜油桃。果实椭圆形，平均单果重 105 g 左右，最大可达 150 g 以上，表面光滑无毛，80% 果面着玫瑰红色，果皮中厚，不易剥离，果肉乳白色，软溶质，汁液丰富，纤维中等，黏核。果实发育期 70 d 左右，郑州地区 6 月 10—12 日成熟。

6. 红芙蓉油桃

全红型中晚熟白肉甜油桃，北京地区 8 月中旬成熟，果实发育期 120 ~ 126 d。果实长圆形，整齐。果形大，单果重 164 ~ 180 g，最大果重 252 g。果圆形正，对称或较对称，果顶部圆，略呈浅唇状，梗洼深，广度中等，缝合线浅。果皮表面光滑无毛，底色乳白，全面或近全面着明亮玫瑰红色。果肉乳白色，有稀薄红色素，硬溶质、细，风味浓甜，有香味。黏核，果核偏大。耐贮运性好。多年未见裂果。光照不足会影响果实着色。

（二）贮藏特性

油桃属典型的呼吸跃变型果实，呼吸强度比苹果高 1~2 倍，在常温下极易变软，油桃因皮覆蜡质且无绒毛，失水则显著少于普通桃。油桃对低温的敏感性比其他水果强。采后低温贮藏可强烈抑制呼吸强度，但在-1℃下长期贮藏极易产生冷害，风味淡化，果肉变硬发糠和维管束褐变。油桃对 CO_2 极为敏感，贮藏环境 CO_2 浓度超过 1%，即可能产生 CO_2 伤害，出现异味。油桃耐贮性较好，可作 2 个月以内的贮藏。

第二节　桃果实采收及采后商品化处理

一、桃果实采收成熟度及采收方法

当果实横径已停止膨大，果面丰满，尚未泛白者为六成熟，开始泛白者为七成熟，大部分泛白且呈现微红色者为八成熟，大部分呈现红色为九成熟，进市销售的桃子以八成熟为最宜，九成熟的桃子，以当地销售为宜，七成熟的桃子作加工制罐用最宜。

硬溶质桃的风味、色泽不会因后熟而增进，主要是在树上充分成熟才能表现出来，故不能过早采收，但充分成熟后，易受机械损伤，不耐贮藏，故也不能过迟采收。桃子果肩突起，果柄短，采摘时如方法不当，很易受到伤害而损失。正确的采摘方法可归纳为"手心托、满把握、向侧扳、不扭转"12 个字。即先用手心托住桃子，将桃子满把握住，再将桃子向一侧轻轻一扳，就可采下。果实不易受损伤，套袋果实可连袋采下，要注意不能用手指按压果实和强拉果实，以免果实受伤或折断枝条。

采收成熟度是影响桃果采后软化和耐贮性的重要因素之一，桃果不同部位的果实硬度有一定的差异。水蜜桃采收过早会影响果实后熟中的风味发育，而且易遭受冷害；采收过晚，则果实会过于柔软，易受机械伤害而造成大量腐烂。因此，要求果实既要生长发育充分，能基本体现出其品种的色香味特色，又能保持果实肉质紧密时为适宜的采摘时间，即果实达到七八成熟时采收。需特别注意的是果实在采收时要带果柄，否则果柄剥落处容易引起腐败。

判断红蟠桃成熟度的方法，一是果实充分发育后，果皮开始褪绿，白肉品种底色呈现乳白色，黄肉品种呈浅黄色，果面光洁，果肉稍硬，茸毛稀易脱落，果面充分着色，果肉弹性大，有芳香味时为硬熟期；二是当果实底色呈绿或呈淡绿色，果面茸毛开始着色时为七八成熟。若采收过早，会降低果实风味，而且易受冷害；若采收过晚，则果实过于软化，易受机械伤，腐烂严重，难以贮藏。采收时要轻握全果，稍微扭转，顺着果枝侧上方摘下。对于果柄短，果肩高的品种，因果枝在果肩上，就要顺枝向下摘，不可扭转。否则果实易被果枝划伤。应注意在采果时折断枝条的行为。采下的果要轻拿轻放，需严防碰压伤和刺伤，将果实带柄采下。一天中以早晨低温时采收为佳，随采随处理，拣出残伤、劣质、畸形、有污垢的果实。搬运过程中轻拿轻放，轻装轻卸，防止碰压，果实采摘后要放在阴凉处分级装箱。可分为一、二、三个等级。做到优质优价销售，才能提高经济效益。

采收时期根据油桃的品种特性、果实用途、销售距离、运输工具等条件，具体确定桃果采收的时间。如果过早采收，果实的品质、风味和色泽欠佳，影响商品价值；采收过晚，则果肉变软，风味下降，不耐贮运，还可能导致落果。如果就地销售，可在九成熟时采收；近距离运销，在八成熟时采收；远距离运销，则七八成熟就可采收。采收前要准备好采收用的箱、筐等包装材料。因油桃果实含水量高，稍有损伤即易腐烂。所以采收时用全掌握桃，均匀用力，轻微扭转，顺果树侧上方摘下。对果短、梗洼深、果肩高的品种，则应顺枝向下拔取。采收的顺序从下往上，从外向内，逐枝采摘。大棚内桃果，因其花期不同成熟期也不同，所以要选成熟的采收，做到边熟边采。应注意轻拿轻放，避免碰伤和挤伤。采下的桃果应放在阴凉处，包装箱、筐要用软质材料衬垫。

二、采后商品化处理

（一）预冷

不管是硬溶质还是软溶质水蜜桃果成熟期在高温季节，采下的果温较高，必须进行预冷，除去田间热，延缓果蔬成熟和变质，减少贮运中的能耗。产地预冷环节在我国还处于起步阶段。目前有冷水预冷、加冰预冷和通风预冷、差压预冷、真空预冷等多种方式。其中真空预冷是用真空泵抽真空，当真空度到果蔬温度对应的水蒸气饱和压力时，果蔬纤维间隙中水分开始蒸发，蒸发时将带走潜热，使果温降低。该法降温快但易造成桃失水。

蟠桃采后应该及时预冷，因为蟠桃采收时气温较高，桃果带有很高的田间热，加上采时蟠桃呼吸旺盛，释放的呼吸热多，如不及时预冷，就会很快软化衰老、腐烂变质。因此采后要尽快将蟠桃预冷到 4℃ 以下。采用的预冷方法有冷风冷却和水冷却两种。水冷却速度快，据测定直径为 7.6 cm 的桃在 1.6℃ 水中 30 min，可将其温度从 32℃ 降到 4℃；直径 5.1 cm 的桃在 1.6℃ 水中 15 min，也可以 30℃ 冷却到 4℃，但水冷却后要晾干后再包装。风冷却速度较慢，一般需要 8~12 h 或更长的时间。

在油桃果入库前先进行库房消毒，办法是用库房专用烟雾消毒剂或 10~209/m³ 碎硫黄点燃密闭 24 h，打开门窗散出库内的残留雾，打开制冷机先将库房充分预冷。因桃采后温度很高，降低果实温度，能很快降低果实呼吸强度，使果实从常温降至 0℃，其呼吸强度降低 10 多倍，果肉软化率减缓近 10 倍。此外为了防止结露导致腐烂，在预冷时要打开包装箱，将箱内的保鲜袋敞开，防止结露。一般预冷 24~30 h，还可用 0.5~1℃ 的冷却水与液体保鲜剂浸泡结合。预冷结束后放入桃果专用保鲜剂，再扎紧袋口。

(二) 包装

硬质桃皮薄肉软，不易贮运，良好的包装除提高商品外观质量外，还有利于桃子的贮运，一般可用硬纸板箱，进行定量包装，果实外面用洁净纸包好后分层放置，最多放三层，每层用纸板隔开，层间最好用"井"字格支撑，防止挤压。包装时应注意剔除有机械损伤的及有病虫害的果子。同时，应按大小进行分级，然后按照级别进行装箱。包装完毕后，即可上市销售。

软溶质水蜜桃在运输过程中难免会发生振动、挤压、碰撞，再加上运输过程中温湿度的剧烈变化，必然会引起果实各种生理反应的变化，从而导致果实腐烂变质。各种振动胁迫在没有导致果实组织表面破损时就已引起果实生理失常，降低其抗病性，提高了果实的呼吸强度，进而促进其后熟、衰老、变质与腐烂。因此实际运输过程中应尽量避免这种伤害。

蟠桃在贮运过程中很容易受机械损伤，不耐压，因此包装容器不宜过大，一般装 5~10 kg 为宜。将选好的无病虫害、无机械伤、成熟度一致、大小均匀的红蟠桃放入瓦楞纸箱中，箱内衬纸或聚苯泡沫纸，高档果用泡沫网套包装。若用木箱或竹筐装，箱内要衬包装纸，每个桃用软纸单果包装，避免果实摩擦挤伤。

油桃果柔软多汁，在成熟时皮薄肉嫩，对碰撞、振动和摩擦的耐力很弱，包装容器要浅而小，装载数量不宜过多，一般 5 kg 为宜。包装容器最好选用苯板箱，也可选用双瓦楞纸箱，纸箱装桃果前先用 PE 或 PVC 保鲜袋衬入箱内，苯板箱则先装果预冷后再将保鲜袋套在箱的外围。

第三节　桃果实贮藏方式

一、硬溶质桃贮藏方式

（一）低温贮藏

低温贮藏可以降低果实的呼吸作用和乙烯释放，延长果实保鲜期，但是温度过低或贮藏时间过长会造成果实冷害，贮藏温度以及时间与品种有关。

（二）间歇升温气调贮藏法

间断升温气调贮藏法采用 1% 浓度的 O_2 +5% 浓度的 CO_2 气调法贮藏的桃子，贮藏 2~3 周后移至 18~20℃ 的空气中敞放 2 d，再放回原来气调室贮藏，这种方法贮藏的桃子果实损伤小，能保持较好的品质。据国外介绍用此法可贮藏 5 个月，这是目前桃子贮藏较有效，时间最长的方法之一，但贮藏条件要严格掌握才能达到目的。

二、软溶质水蜜桃贮藏方式

（一）涂膜保鲜

此方法简便易行，投资少，见效快，在常温下就可以适当延长果实的货架期和贮运期。

（二）化学保鲜

钙对植物组织的结构和功能具有重要的调节作用，能延缓其衰老过程。采前钙处理后，可以增加细胞壁钙含量，提高不溶性果胶的含量，可推迟乙烯和呼吸高峰的出现，保持果实的硬度，脂氧合酶（LOX）和多酚氧化酶（PPO）的活性受到抑制。

甲基环丙烯（1-MCP）作为乙烯竞争性抑制剂，能够竞争结合乙烯受体。1-MCP 处理桃果实可以降低乙烯的合成与信号转导速率，延缓部分桃果实底色转白期和成熟期果实的后熟软化进程；提高贮藏后期底色转白期果实的硬度，有时会加剧成熟度较低的果实冷害发生程度；但对成熟度较高的果实，冷害发生率无明显影响。1-MCP 作为一种永久结合的生理抑制剂，针对不同品种的自身特性，研究影响处理效果的因素（如最适作用浓度、处理时间、处理温度等）是保证取得良好效果的关键。

（三）减压贮藏

减压贮藏被称为 21 世纪保鲜技术。水蜜桃减压贮藏是通过快速排除果实内部乙烯、CO_2 等气体来实现保鲜，而通过降低 O_2 分压来延长保鲜效果可能起到辅助作用；过低的分压易引起果实无氧呼吸而造成生理紊乱，特别是在水蜜桃贮藏后期表现比较明显。

三、蟠桃贮藏方式

（一）气调贮藏

气调贮藏即通常所称的 CA 贮藏，它利用机械制冷的密闭贮库配用气调装置和制冷设备，使贮库内保持一定的低氧、低温和适宜的二氧化碳和湿度，并及时排出贮库内产生的有害气体，从而有效地降低所贮藏水果的呼吸速率，以达到延缓后熟作用、延长保鲜期的目的。

蟠桃入库前，要认真检查气调库各项设备的功能是否完好，是否运转正常，及时排除各种故障。启动制冷机，库内温度降至 0℃后方可入库；入库初期，启动制氮机和二氧化碳脱除器，分别进行快速降氧和脱除 CO_2，使库内温度及气体成分逐渐稳定至长期贮藏的适宜指标。对库内温度和 O_2、CO_2 浓度的变化，应坚持每天测定 1~2 次，掌握其变化规律，并加以严格控制；中后期的检查、检测工作要认真定时进行，以防库房各种设施出现故障；桃果出库前要停止所有气调设备的运转，小开库门缓慢升氧，经过 2~3 d 库内气体成分逐渐恢复到大气状态后，工作人员才能进库操作。商业上一般推荐的气调冷藏条件为 0℃ 及 1% O_2+5% CO_2 或 2% O_2+5% CO_2。入贮后要定期检查。短期贮藏的蟠桃果每天观察 1 次，中长期的果实每 3~5 d 检查 1 次。

（二）减压贮藏

减压贮藏利用真空泵抽出库内空气，将库内气压控制在 13.3 kPa 以下，并配置低温和高湿，再利用低压空气进行循环，桃果实就不断地得到新鲜、潮湿、低压、低氧的空气，一般每小时通风 4 次，就能够去除果实的田间热、呼吸热及代谢产生的乙烯、二氧化碳、乙醛、乙醇等，使果实长期处于最佳休眠状态，不仅使果实中的水分得到保存，而且使维生素、有机酸和叶绿素等营养物质也减少了消耗，同时贮藏期比一般冷库延长 3 倍，产品保鲜指数大大提高，出库后货架期也明显延长。

四、油桃贮藏方式

（一）冷藏

桃采后对温度的反应比其他果实都敏感。如果库温波动，库温过高，就会出现两次呼吸高峰，第一次呼吸高峰会使果实开始变软；第二次呼吸高峰到来后，果实微管束开始变褐，继而发展到整个果肉褐变。因此冷藏温度应控制在 0~1℃ 恒温下贮藏。温度过高，会产生果实呼吸强度成倍增大，贮藏寿命成倍减少。最好在库内放 3~4 只水银温度计。

（二）码垛

在预冷结束后要进行码垛，码垛时要离开地面 20 cm，离开蒸发器对面墙 20 cm，两面侧墙 10 cm，要离开库顶 50~70 cm。码垛最好是从里边开始，在码垛时应尽量减少库内工作人员，以免造成二氧化碳伤害和库温升高，造成果实第二次呼吸，缩短贮藏寿命。

（三）气调贮藏

气调贮藏较为简便，将油桃贮藏在 0℃，O_2 8%~10%，CO_2 3%~5% 的气体环境中，可贮 60~80 d。

第四节　桃果实运输及贮藏期病害预防

一、桃果实的运输

硬溶质桃鲜嫩多汁，果实成熟时柔软易腐。试验证明，把桃放在箱中，当运输时受到振动，由于果实下沉的缘故，使箱的上部产生了空间，逐渐地使桃与箱子发生二次运动及旋转运动。上部的速度有时为下部的2~3倍，这样越是上部的桃受伤越多。箱子越深桃子受损伤越严重，在运输过程中48 h内最高许可温度为7.2℃，但温度以0.5~1℃为宜。桃可与李、杏、苹果、梨、柿、樱桃等混合装运，运输温度维持在0~1℃，相对湿度为90%~95%。

在运输前，水蜜桃必须在12 h以内入库预冷。在24~48 h之内将果实温度降至0℃。果实装载前，先在车箱底部铺一层0.08 mm厚的聚乙烯薄膜，再在塑料薄膜上铺一层棉被，棉被上再铺一层3 cm厚的聚苯乙烯泡沫塑料板（可用低密度板），车厢四壁用同样的方法处理。果实在冷库内预冷24~48 h即可达到适宜的运输温度。最好在夜间气温比较低的时候装载。装载完后，顶部可用同样的方法进行保温处理。

尽管运输时间较贮藏要短，但是也应维持较低的运输温度，适宜的运输温度为1~2℃，最好不要超过12℃。运输前一定要先预冷再装车。桃果用塑料袋包装，自发气调效果也较为理想。

运用冷藏、保温、防寒、加温、通风等方法，在铁路上快速优质地运输。冷藏车车体隔热，密封性好，车内有冷却装置，在温热季节能在车内保持比外界气温低的温度，在运送的过程中，温度控制在0℃左右，环境湿度在95%左右，那样才可以让桃子尽快冷藏。运输过程中避免颠簸，到达目的地后，尽快搬移至冷库中，在出库时，间歇升温，防止桃果腐烂。

二、桃果实贮藏期病害及预防

（一）低温损伤

将桃放在0℃温度下冷藏时，在3周以内一般发病较少。当延长贮藏期时，从果皮色泽观察无异常，但移到室温下几天果肉即出现红褐色，汁液减少、组织发糠、通常围绕果核首先开始变褐。时间越长，果肉褐变越严重。组织变成绵毛状且有怪味，但是果皮无异常现象。在 4.5℃ 温度下贮藏的桃果实，伤害常常在 7～10 d 即出现，比 0℃ 温度下贮藏的更为严重。这种生理病害的发生与品种、栽培条件关系不密切。

防治方法：防止桃内部败坏的办法是尽可能采收成熟的果实，贮藏前快速预冷，并贮藏于 0～0.5℃ 温度下，时间不要超过 3 个星期，如需延长贮藏时期，应在 0～0.5℃ 温度，氧浓度为 1% 和二氧化碳浓度为 5% 的气调条件下贮藏。对硬熟期采收的桃在贮藏于 0℃ 以前，置于室温 21～24℃ 下后熟 2～3 d，可延迟 10～15 d 发病。另外将冷藏 2～6 周的桃采取间歇升温的方法也可延迟发病。

（二）冻害

桃属于对冻害最敏感类型的果实，冰点温度为 -0.88℃，当贮藏温度降到 -1℃ 时，就有受冻的危险。如果肉组织出现严重褐变，呈水渍状，即无法食用。

（三）褐腐病

病原菌是桃果实最主要的病害微生物之一。其早期的症状是在果实上产生水浸状的病斑，在 24 h 内果肉变成褐色和黑色。在 15℃ 下病斑增大很快，腐烂处常深达果核，但果皮保持完整，茶灰色孢子块在果面上呈星圆环状，在较高温度下 3～4 h 整个果实即腐烂变质。

防治方法：快速预冷到 4.5℃ 以下可延迟病菌生长，据试验，此病在 24℃ 温度下 1 d 即能发生。在 5℃ 温度下 7 d 发生，0℃ 温度 25 d 发生。将桃浸于 51.6～53℃ 温水中 2.5 min，能杀死果表孢子，并可抑制已感染病的发育。

（四）腐坏病

此病菌通常自受伤处进入果实，当病菌生长时即在果皮上形成小圆形淡褐色病斑，进一步发展在受者病斑中心长出白霉，严重时盖住整个果面，孢子体由白变成黑色，夏季高温霉菌生长很快，48 h 可盖住整个果面，经 2～3 d 即可感染箱内大部分果实，其腐坏处软而湿，使整个果实崩溃。

防治方法：将桃浸于 51～53℃ 温水中 2～3 min，能有效地杀死病菌孢子，防止初期感染。如果在21℃温水中或用100 mg/kg苯来特处理，能有效地控制桃子在贮藏期间和后熟期间的腐烂率。

（五）炭疽病

症状：果面初呈水浸状绿褐病斑，后变暗褐色，渐干缩，气候潮湿时，在病斑上生出粉红色小粒，成同心纹状。果实膨大期感染时，初期亦为小溃状，逐渐扩大成红褐色圆斑，并长出红色小粒点，分生孢子盘。

防治方法：于早春芽萌动前喷5波美度石硫合剂一次，消灭越冬病源，落花后每隔10 d左右，喷一次500倍液的50%托布津或25%多菌灵或50%退菌特或代森锌等，共喷3~4次，均有较好的防治效果。在贮藏过程中，发现病害果及时剔除，以免污染其他果实。

（六）桃疮痂病

症状：病斑多发生在果梗附近，果实未成熟时为暗绿色圆形斑点，近成熟时变为黑色，病菌的为害仅在果皮，病部表皮坏死，使病果发生龟裂。

防治方法：萌芽前喷3~5波美度石硫合剂，谢花后的4—5月开始，每隔15 d左右喷一次500倍液代森锌或600~700倍液70%甲基托布津或8 000倍液杜邦福星等药剂，连喷3~4次。秋季清园，烧毁病枝落叶消灭越冬病源。加强夏季修剪，务必使树体通风透光。

第八章　桃加工技术及产业发展趋势

第一节　桃加工技术发展趋势

（一）桃原料及加工品质形成物质基础研究

大力开展以桃原料特征物质为基础的多元化、个性化加工理论、技术与装备研究。针对桃加工技术的单元操作，如机械破碎与研磨、脱水处理、热处理、压力处理、酸碱处理等，明确与产品色、香、味、形、营养功能品质相关的特征性物质（如酚类、果胶、膳食纤维等）。系统解析桃加工过程中特征性物质可能发生的降解、聚合等衍化途径以及分子间的交互作用，阐述其与终产品品质形成关联性，进而提出相应的品质调控技术。

（二）桃罐头、桃汁/浆加工技术与装备研究

重视国内桃罐头的消费需求，从感官品质、产品规格、包装形式等多方面激活国内桃罐头的消费市场；借鉴国际市场，开发桃罐头在焙烤、预调理、预烹饪食品中的应用，拓宽桃罐头在国内市场的销售形式和消费场合。针对桃罐头加工去皮问题，着力开展桃新型生物去皮技术，实现节水、保质、降低排污压力；针对桃罐头贮藏期间出现的溶质问题，全力开展罐藏桃质构改善技术研究，突破桃罐头加工中的瓶颈问题，实现桃罐头加工技术的飞跃发展。

基于桃内源物质交互作用的自稳态活性物质保持技术，系统解决桃汁（浆）稳定性问题。引入桃汁（浆）加工新技术，全面实现桃汁（浆）加工产业升级。开展非热力杀菌技术与装备研究，大幅度提升桃汁色泽、风味、营养品质；开展高效榨汁、超细研磨等非浓缩还原/鲜榨桃

汁加工技术；开展桃复合果汁新产品研发，实现桃汁产品多元化、个性化
发展。

（三）脱水桃制品节能提质高效加工技术与装备研究

加快脱水桃制品新型节能干燥技术与装备研发，系统研究压差闪蒸干
燥、真空冷冻干燥、热泵干燥、中短波红外干燥等新型加工技术在脱水桃
制品方面的推广研究；深入开展渗透脱水、速冻加工、质构再造等预处理
加工技术，实现高品质脱水桃制品的节能高效制备；开展低温超微粉碎技
术与装备研究，拓宽脱水桃制品产品形式，实现桃全粉及复合桃粉/片等
定制化、个性化、功能化新产品的研制。

（四）桃发酵制品加工技术与装备研究

推动桃发酵制品（桃酒、桃醋、桃酵素等）产业发展，加强桃发酵
科学基础研究，建立桃发酵制品加工技术理论与装备支撑。解析传统发酵
加工原理，突破当前加工技术瓶颈，缩短发酵周期、提升发酵效率、增强
发酵风味；完善桃发酵制品加工工艺，加大科技投入，引进新技术、新设
备，加强研究与开发；开展新型桃发酵制品研发，丰富桃发酵制品品类，
打造桃发酵制品自主品牌，构建畅通的营销渠道，提高桃制品的市场份
额；开拓桃发酵制品消费范围与层次，以新品开发顺应潮流、符合消费者
营养健康需求，保障桃发酵产业集中爆发，切实带动桃发酵产业经济长久
发展。

第二节　桃加工产业发展趋势

一、促进桃产业从传统加工向现代精深加工和全利用转变

深入挖掘桃传统产业（桃罐头、果脯、果酒等）存在的瓶颈问题，
明确科学基础，解析加工过程中的品质变化机制，提出品质控制技术，推
动传统产业工程化理论、技术与装备科技发展，实现桃传统加工产业向现
代桃食品制造产业的转变。开展现代桃精深加工理论与技术研究，实现现
代桃产品包括果汁/浆、脆片（单一和复合）、果胶、酵素、果醋等的全
面升级；创新桃加工产品形式，推动现代精深加工桃产业快速高效发展，
促进单一产品向复合产品制造转变。加快推进桃产业全利用，加大产业链

延伸力度，实现桃花、桃皮、桃渣、桃核、桃胶规模化开发，提升桃产业综合效益；深入开展桃果实功效成分（多酚、多糖等）提取、分离、纯化技术与装备研究，系统开展基于功效成分的功能性食品开发；全面推动桃仁脱苦、蛋白质、多肽制备技术与装备研发，开展桃仁功能油脂超临界流体萃取技术与装备研究等，实现桃及其副产物的梯度加工增值和可持续发展，提高桃产业经济效益和生态效益。

二、一二三产业深度融合，推动桃产业高质量可持续发展

兼顾鲜食桃品质，选育耐贮运桃品种，降低地域性限制，扩大鲜食桃销售区域；提高鲜食桃果品品质，打造鲜食桃果品品牌价值，提高我国桃的出口比例，增强国际市场竞争力。注重桃加工专用品种的选育与推广，着力打造桃加工龙头企业。充分发挥龙头企业的带动作用，扩大桃的深加工比例，注重桃加工产品的销售服务过程，实现桃从源头到产品的全产业全面增值；发展桃文化旅游产业（桃花节），充分发挥桃遗传多样性，发掘其丰富的文化内涵，全面推动桃种植业增效、桃加工业繁荣、桃农增收。

三、展望

基于我国桃种植分布与产量的优势，优化品种结构，增加加工用桃品种选育，促进桃加工市场多元化，加大桃产地通用性加工技术培育并实现工业化生产，实现桃附加值的大幅度提升；巩固发展桃传统加工产业（桃罐头、桃汁/浆等），投入科技力量解决存在的瓶颈问题，实现传统产业提质升级；基于我国桃产业的资源优势，实现高校/科研院所与桃加工企业的技术对接，联合攻关推动桃加工新技术新产品的落地生产，提升我国桃加工产业的综合实力；整合全国桃研发资源，构建政产学研商银一体化机制，联合攻关桃加工共性关键技术，创新桃加工产业驱动转型升级，提升我国桃加工业在国际市场的竞争能力。

参考文献

毕金峰，吕健，刘璇，等，2019. 国内外桃加工科技与产业现状及展望 [J]. 食品科学技术学报，37（5）：7-15.

毕金峰，魏益民，2008. 果蔬变温压差膨化干燥技术研究进展 [J]. 农业工程学报，24（6）：308-311.

陈昌文，曹珂，王力荣，等，2011. 中国桃主要品种资源及其野生近缘种的分子身份证构建 [J]. 中国农业科学，44（10）：2081-2093.

陈岩，赵燕萍，林木材，等，2006. 蜜饯通则：GB/T 10782—2006 [S]. 北京：中国标准出版社，1-8.

程旭东，张世栋，张俊民，等，2018. 深州蜜桃：DB13/T 1514—2018 [S]. 河北：1-7.

仇农学，2005. 现代果汁加工技术与设备 [M]. 北京：化学工业出版社.

董英，赵福江，1995. 桃罐头生产新工艺及设备 [J]. 农机与食品机械（2）：1-2.

符振彦，张建英，2020. 北京果脯 百年技艺 匠心传承 [J]. 旅游，10：90-97.

高瑛，邓家林，刘建军，等，2004. 水蜜桃：NY/T 866—2004 [S]. 北京：中国农业出版社.

顾元国，2013. 一种自动玻璃瓶灌装机 [J]. 长春工业大学学报（自然科学版），34（3）：281-285.

胡睿娟，郝利平，2012. 分步酶解法提取扁桃仁油及水解蛋白研究 [J]. 山西农业科学，40（2）：156-160+163.

黄佳昌，2015. 桃胶多糖的水解、性质及应用研究 [D]. 桂林：桂林理工大学.

姜全, 2020. 中国桃产业的变化及发展趋势 [J]. 落叶果树, 52 (5): 01-03.

姜全, 2021. 《群芳谱》选注: 桃品种篇 [J]. 落叶果树, 53 (2): 11-14.

姜溪雨, 刘璇, 毕金峰, 等, 2021. 果蔬汁品质检测及货架期预测研究进展 [J]. 食品科技, 46 (4): 21-29.

姜振宁, 岳丽, 王兴哲, 2009. 糖液集中处理重复利用与真空加压往复浸渍技术在果蔬加工中的应用 [J]. 农家之友, 281: 51-53.

焦艺, 2014. 不同桃品种鲜食和制汁品质评价研究 [D]. 北京: 中国农业科学院.

李德芳, 施永清, 2006. 蜜饯生产与真空连续浸渍装置 [J]. 包装与食品机械, 24 (5): 45-47.

李莉, 王力荣, 朱更瑞, 等, 2009. 桃等级规格: NY/T 1792—2009 [S]. 北京: 中国农业出版社.

李琳, 王桢, 2020. 果蔬干燥技术研究进展 [J]. 中国果菜, 40 (3): 9-17.

李瑞平, 2020. 三种均细化处理对桃浆色泽和流变特性的影响 [D]. 秦皇岛: 河北科技师范学院.

刘佳新, 2019. 浸渍预处理调控黄桃膨化脆片质地结构的研究 [D]. 沈阳: 沈阳农业大学.

刘连太, 刘铁拴, 王成, 2009. 非油炸水果、蔬菜脆片: GB/T 23787—2009 [S]. 北京: 中国标准出版社.

刘仪初, 王丽威, 饶泽青, 1992. 水果及水果制品桃脯: SB/T 10053—1992. 北京: 中国标准出版社.

刘云, 2011. 桃仁油脂及蛋白的综合利用研究 [D]. 广州: 华南理工大学.

吕健, 毕金峰, 刘璇, 等, 2013. 桃变温压差膨化干燥预处理工艺研究 [J]. 核农学报, 27 (9): 1317-1323.

马建忠, 张有成, 徐小东, 等, 2013. 桃花的药用价值研究 [J]. 中医学报, 28 (7): 1020-1022.

农村百事通编辑部, 2003. 稀有保健水果: 黑桃 [J]. 农村百事通

（1）：37.

潘新春，2015. 不同包装形式对 4 种黄桃罐桃品质和香气形成的影响研究 [D]. 合肥：安徽农业大学.

彭健，2019. 压差闪蒸干燥胡萝卜脆条质构品质形成机制研究 [D]. 北京：中国农业科学院.

食品安全国家标准　蜜饯：GB 14884—2016 [S]. 北京：中国标准出版社.

宋悦，2020. 基于不同预处理的桃脆片真空冷冻组合干燥工艺优化 [D]. 北京：中国农业科学院.

苏明申，叶正文，李胜源，等，2008. 桃的栽培价值和发展概况 [J]. 现代农业科学，15（3）：16-18.

孙慧，刘凌，2007. 优化纤维素酶水解桃渣制备可溶性膳食纤维工艺条件的研究 [J]. 食品与发酵工业，33（11）：60-64.

汪祖华，2001. 中国果树志·桃卷 [M]. 北京：中国林业出版社.

王宏，2021. 全身是宝的桃树 [J]. 现代养生，21（5）：11.

王金玉，杨永兰，李绍振，等，2014. 果蔬汁类及其饮料：GB/T 31121—2014 [S]. 北京：中国标准出版社.

王力荣，朱更瑞，姜全，等，2002. 鲜桃：NY/T 586—2002 [S]. 北京：中国农业出版社.

王丽琼，2009. 果蔬汁加工技术 [M]. 北京：中国社会出版社.

王涛，2021. 真空冷冻干燥技术在果蔬中的应用与发展 [J]. 中国果菜，41（6）：47-50.

吴环宇，金泽林，王宁，等，2021. 桃果深加工及其副产物综合利用研究进展 [J]. 保鲜与加工，21（1）：146-150.

武仁庵，宋红日，师法萍，等，2006. 肥城桃：NY/T 1192—2006 [S]. 北京：中国农业出版社.

肖宏伟，黄传伟，冯雁峰，等，2010. 真空冷冻干燥技术的研究现状和发展 [J]. 医疗卫生装备，31（7）：30-32.

徐成海，张世伟，彭润玲，等，2008. 真空冷冻干燥的现状与展望（二）[J]. 真空，45（3）：1-12.

许筱凰，李婷，王一涛，等，2015. 桃仁的研究进展 [J]. 中草药，46（17）：2649-2655.

杨柏灿，2021. 药食两用之桃仁 ［J］. 上海中医药报，（6）：11.

杨丹，2013. 长柄扁桃核壳活性炭的制备及在工业水处理中的应用 ［D］. 西安：西安建筑科技大学.

杨福馨，1995. 罐头封口理论及方法 ［J］. 株洲工学院学报，12（4）：15-23.

杨桂馥，2002. 软饮料工业手册 ［M］. 北京：中国轻工业出版社.

杨月欣，2017. 中国食物成分表 标准版 ［M］. 北京：北京大学医学出版社.

叶兴乾，2002. 果品蔬菜加工工艺学 ［M］. 2 版. 北京：中国农业出版社.

叶雪英，周积生，黎新荣，等，2009. 低糖原味果脯生产与真空辅助浸渍装置 ［J］. 食品科技，34（7）：41-43.

依合帕来木·肉苏力，傅力，张富县，2011. 水酶法提取扁桃仁油工艺的研究 ［J］. 新疆农业科学，48（11）：2006-2012.

佚名，1986. 一种既节能又简便快速的烘干设备：隧道式烘房 ［J］. 现代节能（3）：56-57.

于笑颜，2020. 基于果胶及汤汁特性改变的罐藏黄桃质构形成机制研究 ［D］. 沈阳：沈阳农业大学.

俞明亮，王力荣，王志强，等，2019. 新中国果树科学研究 70 年：桃 ［J］. 果树学报，36（10）：1283-1291.

张明玉，李捷，徐久飞，等，2011. 出口低温真空冷冻干燥果蔬检验规程：SN/T 2904 ［S］. 北京：中国标准出版社.

张鹏飞，2016. 桃片渗透脱水及联合干燥技术研究 ［D］. 北京：中国农业科学院.

张思思，2014. 扁桃仁蛋白特性及多肽的功能活性研究 ［D］. 太谷：山西农业大学.

张蔚，葛双林，仇凯，等，2015. 桃罐头：GB/T 13516—2014 ［S］. 北京：中国标准出版社.

张兴亚，吴晶晶，於海明，等，2018. 热泵干燥机研究现状及展望 ［J］. 农业工程，8（8）：78-82.

张煜，曾令文，魏雷，2020. 水蜜桃核活性炭的制备及吸附性能研究 ［J］. 环境与发展，32（6）：118-119.

赵晋府，1999. 食品工艺学 [M]. 北京：中国轻工业出版社.

中国科学院中国植物志编辑委员会，1986. 中国植物志 [M]. 北京：
科学出版社.

仲山民，何照斌，2004. 黑桃果实营养成分分析 [J]. 浙江林学院学
报（3）：63-66.

马瑞娟，杜平，陆爱华，等，2005. 无公害食品　落叶核果类果品：
NY 5112—2005 [S]. 北京：中国农业出版社.

朱更瑞，王力荣，方伟超，等，2009. 罐藏黄桃果实质量等级：
DB41/T 607—2009 [S]. 河南：河南省质量技术监督局，395-
397.

朱金艳，2018. 高静水压对蓝莓汁品质影响及杀菌机理研究 [D]. 沈
阳：沈阳农业大学.

AYALA-ZAVALA J F, et al., 2010. Antioxidant enrichment and antimi-
crobial protection of fresh-cut fruits using their own byproducts: looking
for integral exploitation [J]. Journal of Food Science, 75 (8):
175-181.

GUO C, et al., 2020. Antioxidant profile of thinned young and ripe fruits
of Chinese peach and nectarine varieties [J]. International Journal of
Food Properties, 23 (1): 1272-1286.

HONG C, et al., 1997. Significance of thinned fruit as a source of
the secondary inoculum of Monilinia fructicola in California nectarine or-
chards [J]. Plant Disease (81): 519-524.

RANKEN M D, KILL R C, BAKER C G J, 2002. Food Industries
Manual [M]. 北京：中国轻工业出版社.

SAUERTEIG K A, 2013. Mechanical blossom thinning of 'Allstar' pea-
ches influences yield and quality [J]. Scientia Horticulturae (160):
243-250.

TALITA Pimenta do Nascimento, et al., 2013. Effect of thinning on flower
and fruit and of edible coatings on postharvest quality of jaboticaba
fruit stored at low temperature [J]. Food Science and Technology, 33
(3): 424-433.